Sitzungsberichte
der Akademie der Wissenschaften
der DDR
Mathematik – Naturwissenschaften – Technik

18 N

1979

Lohs / Martinetz / Kutzschbauch

Entgiftung und Deponie von toxischen Produkten und Abprodukten

AKADEMIE-VERLAG · BERLIN

Sitzungsberichte
der Akademie der Wissenschaften
der DDR
Mathematik — Naturwissenschaften — Technik

Jahrgang 1979 · Nr. 18/N

Lohs/Martinetz/Kutzschbauch

Entgiftung und Deponie von toxischen Produkten und Abprodukten

Naturwissenschaftlich-technische sowie ökonomisch-organisatorische Aspekte

AKADEMIE-VERLAG · BERLIN
1979

Vorträge gehalten in der Sitzung der
Klasse Umweltschutz und Umweltgestaltung
der Akademie der Wissenschaften der DDR
am 22. Februar 1979

Herausgegeben im Auftrage
des Präsidenten der Akademie
der Wissenschaften der DDR
von Vizepräsident Prof. Dr. Heinrich Scheel

Erschienen im Akademie-Verlag, 108 Berlin, Leipziger Str. 3–4

Lizenznummer: 202 · 100/274/79
Gesamtherstellung: VEB Druckhaus Köthen
Bestellnummer: 762 786 3 (2010/79/18/N) · LSV 2065
Printed in GDR
DDR 9,– M

Inhalt

Karlheinz Lohs

Einleitung

Die vielschichtige Problematik der Fremd- und Schadstoffe in der Biosphäre war bereits mehrmals Gegenstand von Vorträgen und Diskussionen in der Klasse Umweltschutz und Umweltgestaltung unserer Akademie. Dies liegt einerseits in der großen Bedeutung der Fremd- und Schadstoffprobleme für nahezu alle Fragenkomplexe des Umweltschutzes und andererseits liegt es — wie hier dankbar zu vermerken ist — an der praxisnahen sowie weitsichtigen Planung und Leitung dieser Klasse durch ihren Vorsitzenden, Akademiemitglied LEHMANN.

Wenn nun mit dem Thema der Entgiftung und Deponie toxikologisch relevanter Produkte und Abprodukte im System der Abfallwirtschaft sowohl Natur- als auch Gesellschaftswissenschaftler zu Wort kommen, so ist dies erneut ein beachtenswerter Beleg für die interdisziplinäre Arbeit unserer Klasse. Die Klasse Umweltschutz und Umweltgestaltung hat es seit ihrer Gründung als ein vorrangiges Anliegen betrachtet, dem komplexen Charakter der Umweltfragen dergestalt Rechnung zu tragen, daß stets das Zusammenwirken von Vertretern der Naturwissenschaften und der Gesellschaftswissenschaften gewährleistet ist.

Die nachfolgenden Darlegungen zu wissenschaftlichen, technischen und ökonomischen Fragen der Abfallwirtschaft werden von Mitarbeitern zweier AdW-Einrichtungen gemacht — dem Zentralinstitut für Wirtschaftswissenschaften und der Forschungsstelle für chemische Toxikologie — die seit langem mit diesem Problemkreis befaßt sind und die auch in den nächsten Jahren in noch erweitertem Umfang an ausgewählten Fragen der Entgiftung, der Deponie und der ökonomischen Aspekte im System der Abfallwirtschaft arbeiten werden. Kennzeichnend für diese Arbeiten war und ist die enge Verflechtung wissenschaftlicher Fragestellungen mit den Problemen der Praxis in Industrie, Landwirtschaft und im Kommunalwesen.

Ohne hier den Ausführungen der Vortragenden und Diskussionsredner vorgreifen zu wollen, sei die grundsätzliche Bemerkung gemacht, daß die wissenschaftlich-technischen und die ökonomischen Probleme der Abfallwirtschaft verdeutlichen, wie unterentwickelt bisher diese Arbeiten waren und wie einseitig über ein volles Jahrhundert der technischen Entwicklung hinweg die Stoffwirtschaft ebenso wie auch die Energiewirtschaft auf einer scheinbaren Unerschöpflichkeit der Ressourcen aufbaute. Erst in den letzten Jahrzehnten begann ein wesentlicher Sinneswandel bei Wissenschaftlern, Technikern und Chemikern, die im Abfall nicht nur etwas Unerwünschtes, Unvermeidbares und letztlich Wertloses sahen, sondern die begannen, die Abfälle als Produkte einer Sekundärwirtschaft zu begreifen. — Mehr und mehr wird klar, daß nicht nur in der Schaffung immer neuer Syntheseprodukte sich der wissenschaftliche, technische und ökonomische Erfolg widerspiegelt, sondern daß der gezielte bzw. gelenkte Abbau und Umbau von Syntheseprodukten eine ganz neue Chemie und damit eine ganz neue Stoffwirtschaft nach sich ziehen.

Es wäre allerdings eine unerlaubte Vereinfachung der Sachverhalte, wollte man verschweigen, daß eine solche Erschließung von Möglichkeiten der Abfallwirtschaft auch sehr schwierige Probleme wissenschaftlicher und technischer Natur mit sich bringt. Eines dieser Probleme ist Gegenstand der anschließenden Darlegungen über die Entgiftung toxischer Erzeugnisse und Abprodukte. Es sind hier vorerst noch mehr Fragen offen als gelöst, eben weil jahrzehntelang der Aufklärung und gezielten Beeinflussung von entgiftenden Abbauprozessen nicht die erforderliche Aufmerksamkeit bei der Konzipierung von Forschungsprogrammen und technischen Entwicklungen geschenkt worden ist. Gleiches gilt für die Klärung von Prozessen der Stoffwandlung bei deponierten Schadstoffen und bei toxikologisch relevanten Abprodukten in der Biosphäre.

Noch wird mit einer vergleichsweise geringen wissenschaftlichen und technischen Kapazität an diesen volkswirtschaftlich so bedeutsamen Fragen gearbeitet. Demgegenüber sind die Forschungen und Entwicklungen auf den verschiedensten Gebieten der chemischen Technik, der Biotechnologie, der Elektronik, der unterschiedlichen Konsumgüter und zahlreicher anderer Erzeugnisse wesentlich besser personell und materiell ausgestattet. Es wird sich aber die Erkenntnis durchsetzen, daß die Stoff- und Energiewirtschaft sowohl unter dem Gesichtspunkt der Materialökonomie als auch des Umweltschutzes immer stärker auf die Sekundärnutzung angewiesen ist und daß die damit verknüpften Fragen der Abfallwirtschaft nicht bei der Erfassung und dem Sammeln von Altstoffen enden, sondern daß weiterreichende Erfolge nur zu erzielen sind, wenn man auf breiter Basis hierfür auch die erforderliche Grundlagenforschung betreibt.

Es bleibt zu hoffen, daß die Denkanstöße, die die Klasse Umweltschutz und Umweltgestaltung bisher zur Bewältigung der Wirkungen und Auswirkungen von Chemikalien in der Umwelt gegeben hat und weiterhin geben wird, über den Kreis der Mitglieder und Gäste der Klasse hinaus ihrerseits Wirkungen und Auswirkungen zeigen, die den außerordentlichen Möglichkeiten unserer sozialistischen Gesellschaftsordnung adäquat sind.

Dieter Martinetz und Karlheinz Lohs

Ausgewählte Probleme der Entgiftung und Deponie von toxischen Produkten und Abprodukten im System der Abfallwirtschaft

1. Einleitung

Abfall wird mehr und mehr zu einem wirtschaftlichen Faktor. Der Begriff „Abfallwirtschaft" ist international gebräuchlich geworden – und dies durchaus nicht in einem abwertenden Sinne. Unter „Abfallwirtschaft" wird heute ganz allgemein die Summe aller Maßnahmen zur möglichst schadlosen Beseitigung, Wiederverwendung und Weiterverwertung sowie zur endgültigen Unterbringung von Abfällen aller Art verstanden; die entgiftende und immobilisierende Behandlung toxischer oder anderweitig gefährlicher Abfälle ist in diesem System ein wesentlicher Bestandteil. Diese toxischen oder anderweitig gefährlichen Abfälle (z. B. Brand- bzw. Explosionsgefahren) faßt man unter dem Begriff der chemischen Sonderabfälle zusammen. Der mengenmäßige Anteil an chemischen Sonderabfällen, die besonderer Beseitigungsmethoden bedürfen, wird für hochentwickelte Industriegebiete auf 7% geschätzt (Tab. 1). Aus diesem relativ niedrigen Prozentsatz darf allerdings nicht geschlußfolgert werden, daß die Probleme gering wären. Diese Probleme ergeben sich bei den toxischen und gefährlichen Abfällen zum einen schon aus ihren Eigenschaften, zum anderen aus der Verschiedenartigkeit der Abfälle (Beispiele siehe Tab. 2).

Tabelle 1
Beseitigung der industriellen Abfälle aus dem Industriebereich in Baden-Württemberg/BRD (nach K. Mangold: Umschau Wiss. Tech. **76**, 1976, 339)

Beseitigungs- oder Behandlungsmethode	10^6 t/Jahr	%
Beseitigung durch Energieerzeugung oder Wiederverwendung	3,3	46,5
Beseitigung in Hausmüllbeseitigungsanlagen	3,3	46,5
Sonderabfälle, die besonderer Beseitigungsmethoden bedürfen	0,53	7
Insgesamt	7,13	100

Tabelle 2
Beispiele für toxische Abfälle (Gifte der Abt. 1 u. 2) aus der chemischen und artverwandten Industrie

Altsäuren u. Altlaugen	Metalloberflächenbehandlung, chem. Industrie, Laboratorien
Arsenverbindungen	Nichteisenmetallhütten, Waschmittelrohstoffproduktion
Benzol	Metallentfettung, chem. Industrie, Petrochemie, Kokereien
Chlorbenzol; Chloroform	chem. Industrie, Entfettung, Lackindustrie
chromhaltige Konzentrate	Galvanikbetriebe
Chromschwefelsäure	chem. Industrie, Laboratorien
Cyanidkonzentrate	Metalloberflächenbehandlung
Flußsäure-Beizen	Beizereien
Härtesalze	Warmbadhärtereien
Lindan u. a. Insektizide	Insektizidherstellung u. -anwendung
metallhaltige Schlämme (bes. Cr^{VI}, Cr^{III}, Cu, Cd, Tl u. Verbindungen)	Metalloberflächenbehandlung, Galvanikbetriebe
Methanolwasser	chem. Industrie
Phenol	Kokereien, Gaswerke, Petrochemie
Pyridin	chem. Industrie, Textilindustrie, Kunststoffindustrie
Schwefelkohlenstoff	Kunststoffindustrie
Tetrachlorethylen, Tetrachlormethan, Trichlorethylen	chem. Industrie, chem. Reinigung, Entfettung, Lackindustrie
THF	chem. u. pharm. Industrie
Zinkhydroxid	Galvanikbetriebe, Druckereien, Klischeeanstalten, elektrolyt. Verzinkereien

Die Notwendigkeit einer komplexen Abfallwirtschaft leitet sich in dichtbesiedelten Industriestaaten allein schon aus der steigenden Belastung von Wasser, Boden und Luft durch feste, flüssige und gasförmige Abfälle ab. Auch die Verknappung einiger Rohstoffe wird immer mehr zur Veranlassung für neue Überlegungen zur wirtschaftlichen Erschließung der Abfälle. In naher Zukunft wird sich diese gesamte Problematik noch weiter verschärfen; hierzu nur zwei Zahlen. Zum einen ist mit einem jährlichen Wachstum der Weltindustrieproduktion von ca. 6% zu rechnen, zum anderen gibt es Industriezweige, in denen oft nur 1/3 der erwünschten Verkaufs- oder Zwischenprodukte anfällt, daneben 2/3 unerwünschte Nebenprodukte und Rückstände [1].

2. *Entgiftung und Deponie in der Abfallwirtschaft*

Wir möchten zunächst kurz auf die Bedeutung der Entgiftung und Deponierung toxischer Produkte und Abprodukte im Gesamtsystem der Abfallbeseitigung eingehen; allerdings wäre es unmöglich, wollte man in einer solchen knappen Übersichtsdarstellung alle toxischen Abfälle der DDR auflisten und optimale Beseitigungsvarianten für alle diese Abfälle anbieten.

Wir dürfen in diesem Zusammenhang auf das kürzlich im Akademie-Verlag erschienene Taschenbuch Lohs/Martinetz „Entgiftung. Mittel, Methoden und Probleme" [2] sowie die im Druck befindliche Monographie von Martinetz zu diesem Problemkreis hinweisen [3].

In einer knappen Übersicht (Tab. 3 und Abb. 1) soll zunächst gezeigt werden, in welchen Bereichen überhaupt Probleme der Entgiftung und Immobilisation toxischer Chemikalien auftreten bzw. auf welchen Wegen toxische Chemikalien zum Menschen gelangen können. Aus diesen Darstellungen wird ersichtlich, daß es neben den toxischen Inhaltsstoffen von Abwässern und Abgasen die chemischen Sonderabfälle unterschiedlichster Art sind, welche aus Industrie, Gewerbe, Dienstleistungsbereichen und Laboratorien anfallen und die gelegentlich noch unterschätzte, jedoch sehr wesentliche Beseitigungsprobleme aufwerfen.

Nach Inkrafttreten des neuen Giftgesetzes der DDR, aber auch nach dem Lan-

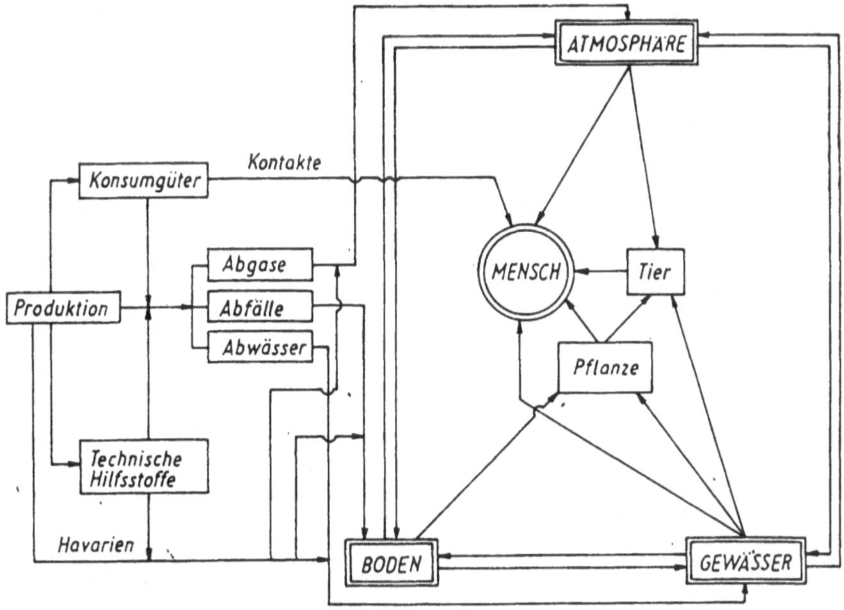

Abb. 1 Transportwege von Giften und Schadstoffen zum Menschen (erweitert nach W. Müller et al. 1974)

Tabelle 3
Entgiftungssituationen

Anfall toxischer Stoffe durch	Anfallort	was ist zu entgiften	grundsätzl. Methoden	Ziele
chem. Sonderabfälle (fest, flüssig o. pastös)	chem. u. stoffwandelnde Ind., Gewerbe, Dienstleistung, Laboratorien	toxische u. anderweitig gefährliche Inhaltsstoffe	chemische, physikalische, biologische	Überführung in eine verwertbare, brennbare o. deponierbare Form
chemikalienhaltige Abwässer	chem. u. stoffwandelnde Ind., Gewerbe, Dienstleistung, Laboratorien	toxische u. anderweitig gefährliche Inhaltsstoffe	chemische, physikalische, biologische	Überführung in eine verwertbare o. ungiftige, umweltfreundliche Form
Abgase	Industrie, Energieerzeugung, Verbrennungsprozesse, Laboratorien	toxische u. anderweitig gefährliche Inhaltsstoffe	chemische, physikalische, (biologische)	Überführung in eine verwertbare o. ungiftige, umweltfreundliche Form
betriebliche Havarien	bei der Herstellung, Lagerung, dem Transport u. der Anwendung von Chemikalien	Personen, Textilien, Materialien, Räume, Gebäude, Geländeabschnitte, stehende Gewässer	chemische, physikalische, (biologische)	Überführung in eine mindertoxische für die Umwelt ungefährliche Form
Kampfstoffe	Reste aus II. Weltkrieg, Schutz vor verbr. Einsatz	Personen, Textilien, Materialien, Räume, Gebäude, Geländeabschnitte, stehende Gewässer	chemische, physikalische, (biologische)	Überführung in eine mindertoxische für die Umwelt ungefährliche Form

deskulturgesetz und seinen Durchführungsverordnungen und -bestimmungen, der Wasserschadstoffverordnung und einer Reihe anderer Verordnungen und gesetzlicher Anordnungen erscheint es wesentlich, zu betonen, daß nicht allein in den Betrieben, sondern auch in den Laboratorien strenger als bisher auf eine entgiftende Behandlung und schadlose Beseitigung der anfallenden Chemikalienabfälle geachtet wird.

Die spezielle Problematik der Entgiftung toxischer Produkte im Havariefall und die Entgiftung chemischer Kampfstoffe kann im Rahmen dieser Darstellung nicht behandelt werden (vgl. dazu z. B. [4]).

Abbildung 2 soll einen Eindruck der grundsätzlichen Maßnahmen zur Beseitigung von Abfällen und toxischen Sonderabfällen vermitteln. Vordergründig zu prüfen ist bei allen Abfallarten — auch toxischen — zunächst stets ihre sinnvolle wirtschaftliche Verwertung, d. h. die Einbeziehung in industrielle oder natürliche Stoffkreisläufe; diesem Ziel sind alle Behandlungsmaßnahmen grundsätzlich unterzuordnen. Hierbei muß dann jedoch die Summe der Behandlungsprodukte und Emissionen weniger umweltbelastend sein als es die ursprünglichen Abfälle wären. Auf die hiermit verbundene Vielschichtigkeit der Problematik wird nachfolgend noch mehrfach hinzuweisen sein.

Selbstverständlich können toxische und anderweitig gefährliche Abfälle nicht eigentlich „vernichtet" werden. Wohl aber ist es möglich, sie in andere, weniger gefährliche Stoffe der verschiedenen Aggregatzustände umzuwandeln, die man dann den natürlichen Selbstreinigungskräften der Natur, also Luft, Wasser und Boden überlassen darf. Entscheidend bleibt es auch für die Zukunft, nicht nur die Symptome, d. h. die Abfälle zu behandeln, sondern kausal zu denken und auf die Ursachen zurückzuführen; das heißt, den mengenmäßigen Anfall der Abfälle durch Prozeßveränderungen oder veränderte Ausgangsprodukte zu minimieren und von vornherein solche Abfälle anzustreben, die sich umweltgerecht und ökonomisch verwerten oder beseitigen lassen.

Aus den Maßnahmen der Abfallbeseitigung (Abb. 2) wird auch der direkte Zusammenhang zwischen Entgiftung und Deponie als Endpunkt des linearen Materialflusses ersichtlich. Deponierung ist also keine Alternative zu Entgiftungs- und Abfallbehandlungsverfahren, sondern ebenfalls integraler Bestandteil im Gesamtsystem der Abfallwirtschaft.

Selbst bei Verfahren mit teilweisem Stoffkreislauf wie Verbrennung, Pyrolyse, Kompostierung und bei größtmöglicher stofflicher und energetischer Ausnutzung durch moderne Recyclingverfahren verbleiben Reststoffe, die dann dem linearen Materialfluß, z. B. der Deponie, übergeben werden müssen. Hinzu kommen noch die umwelttoxikologisch weniger bedenklichen Abfälle, die ohne Entgiftungsmaßnahmen sowie ohne Nutzungsmöglichkeit deponiert werden können. Schätzungen besagen, daß heute in hochentwickelten Industriestaaten etwa 80% aller industriellen Rückstände durch Deponierung beseitigt werden. Dies ist häufig allerdings nur durch die Vorschaltung von Entgiftungs- oder Behandlungsanlagen zu realisieren; begründet wird das im einfachsten Fall durch die Konsistenz der Abfälle, ebenso

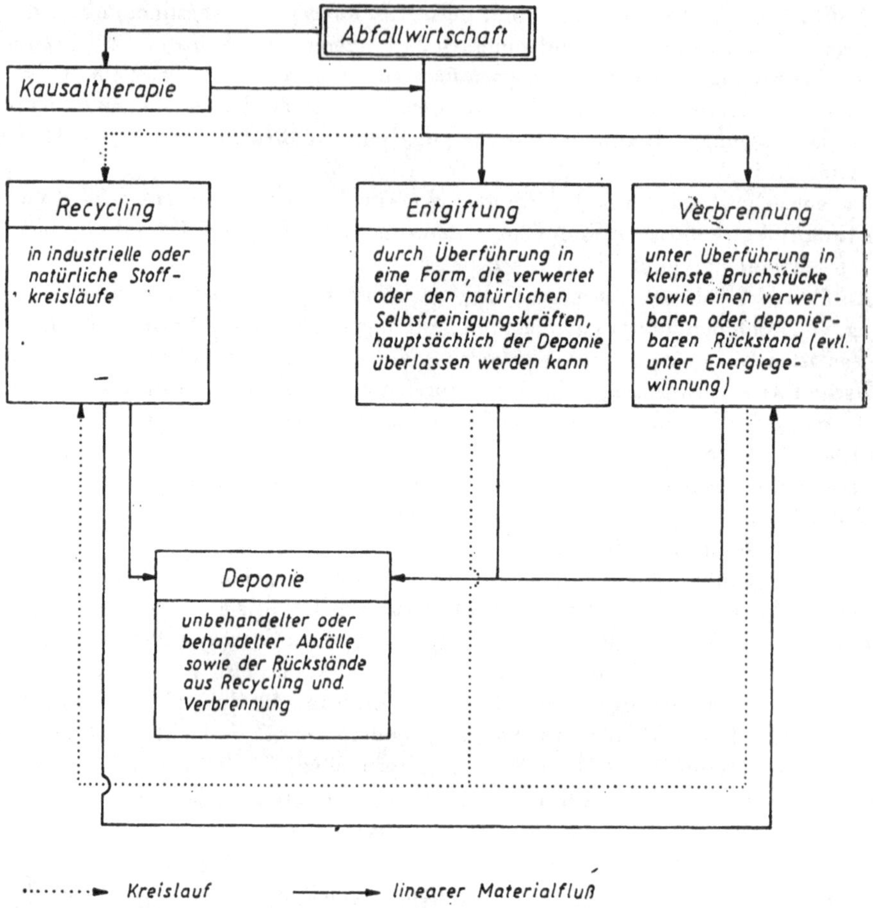

Abb. 2 Grundsätzliche Maßnahmen der Abfallbeseitigung

aber auch durch ihre Emissionsträchtigkeit sowie besonders durch die Grundwassergefährdung bei toxischen Inhaltsstoffen oder durch die hohe Reaktivität der Abfälle (z. B. Brennbarkeit).

3. *Die chemischen Sonderabfälle und ihre Deponie*

Das Hauptproblem liegt — wie bereits einleitend erwähnt — auf dem Gebiet der sogenannten chemischen Sonderabfälle. Nach Entgiftungsmaßnahmen kommt für chemische Sonderabfälle nur die geordnete Deponie (im Unterschied zur „wilden" und zur ungeordneten Deponie) in Frage [5]. Ihr wichtigstes Merkmal ist der kontrollierte Aufbau — unter lageweiser Verdichtung und periodischer Abdeckung mit Inertmaterial — oder die streng getrennte Ablagerung der Abfälle, z. B. in geeigneten Fässern oder speziellen Containern. Dies alles hat unter dem Gesichtspunkt einer endgültigen Ablagerung zu erfolgen, d. h. vor allem unter Beachtung von Standort, Gewässerschutz, Immissionsschutz und Landschaftsschutz, eventuell unter Einbeziehung in die Raumplanung, so wie es in der DDR z. B. bei stillgelegten Tagebauen in den Bezirken Cottbus und Leipzig demonstriert worden ist.

Welche Form der geordneten Ablagerung von chemischen Sonderabfällen als die geeignetste gilt, ist noch immer nicht restlos geklärt bzw. hält hierüber die Diskussion noch an. Es gibt die Auffassung, daß die „plombige" Ablagerung in geordneten Hausmülldeponien mit Sickerwasserbehandlung die günstigste Form sei, andererseits wird gefordert, daß die Monodeponie verwirklicht werden muß. Eine generelle Empfehlung für chemische Sonderabfälle wird es u. E. jedoch nicht geben können, d. h. man wird immer das Für und Wider eines speziellen Abfalls abschätzen müssen und danach die technischen Maßnahmen treffen (vgl. [36]).

Die plombige Ablagerung im Hausmüll sollte im allgemeinen für gering wassergefährdende und wenig wasserlösliche Sonderabfälle in Betracht gezogen werden. Der Hausmüll wird infolge seines porösen Aufbaus vom Sickerwasser stark durchströmt, wobei plombig eingebaute Sonderabfälle nur oberflächlich „angeströmt" werden und nach Literaturangaben nur in etwa 1 cm starker Schicht ausgelaugt werden [6]. Wenn kein Anstau stattfindet, wird das Wasser kaum weiter eindringen; dies ist nur bei sehr gut wasserlöslichen toxischen Stoffen der Fall, die deshalb auf speziellen Monodeponien gelagert bzw. verpackt und streng separiert auf Sondermülldeponien oder untertägig abgelagert werden sollten (typische Beispiele hierfür sind toxische anorganische Salze bzw. Verbindungen) [7].

Die gemischte Ablagerung mit Hausmüll zeichnet sich vor allem durch geringere Kosten, höhere Standfestigkeit und teilweise Immobilisierung von Schwermetallen (Tab. 4) aus. Insbesondere diese Schwermetalle können umwelttoxikologisch zu einem Problem für die Wasser- ebenso wie für die Luftbelastung werden [8, 9]. Allerdings ist über das reale Verhalten der verschiedenartigen Abfälle im Deponiekörper derzeit noch sehr wenig bekannt. Die einfachen Laborversuche, z. B. zur Totalauslaugung, geben hierzu oft nur ein sehr praxisfernes Bild von der Sickerwasserqualität einer Deponie. Auch die Festlegung von Grenzwerten für Sickerwässer ist nicht einfach, da die Randbedingungen für jede Deponie andere sind. Ganz an der Praxis ginge es beispielsweise vorbei, von solchen Sickerwässern dann anschließend Trinkwasserqualität zu fordern.

Die grundsätzlichen Prozesse, die in einer Deponie ablaufen, sind in den Tabellen 5—7 zusammengestellt.

Neuere Arbeiten beschäftigen sich mit Verfestigungstechnologien für flüssige und schlammige Abfälle. Zu erwähnen ist hier das in Westeuropa schon kommerziell genutzte amerikanische Chemfix-Verfahren, das als Verfestigungsreagenz eine Kombination aus Wasserglas (Natriumsilikat) und Silikathärter verwendet. Dabei wird die Eigenschaft von Alkalisilikaten ausgenutzt, in Gegenwart von Kationen zu

Tabelle 4
Einige Vor- und Nachteile der Ablagerungstechniken von Sondermüll

MONODEPONIERUNG	KOMB. DEPONIERUNG MIT HAUSMÜLL
gezielte Ablagerung nach Eigenschaften u. Reaktivität möglich	nur z. T. möglich
spätere Rückgewinnung möglich	nicht möglich
nicht möglich	gewisse Immobilisation von Schwermetallen durch Abbauprodukte des HM wie H_2S, Phosphate und durch Bindung an im Rotteprozeß gebildete aktive Zentren des HM ($-NH_2$, $>NH$, $-SH$, $-OH$, $>N$, $>S$)
schlechte Standfestigkeit (Schlämme!)	hohe Standfestigkeit
höhere Konz. an gelösten Stoffen im Sickerwasser; chem. Behandlung erforderlich	niedrigere Auslaugungsrate der Sonderabfälle bei plombiger Ablagerung; biologischer Reinigung der Sickerwässer meist ausreichend
keine Gasentwicklung beim Fehlen org. Bestandteile; völlige Abdichtung möglich	große Gasentwicklung; Abdichtung schwierig

steinartigen Massen zu erstarren. Als Kationenquelle wird, falls keine Kationen im zu behandelnden Abfall enthalten sind, ein Silikathärter, z. B. $CaCl_2$, zugesetzt. Im ausgehärteten Endprodukt, einem Gel mit $\geqq 80\%$ Wassergehalt, können die Schadstoffe unterschiedlich gebunden sein; Kationen beispielsweise durch chemische oder elektrostatische Bindung, organische Moleküle durch rein physikalischen Einbau in die Gelstruktur. Durch die Alkalität von Wasserglas werden Schwermetalle auch als Hydroxide gefällt und in dieser Form im Gel eingeschlossen. Das Verfahren soll sich für eine Vielzahl von Abfällen eignen, wie Metallsalze, Säureharze, Emulsionen, Farbschlämme, Beizereiabfälle, Hydroxide, Phosphat- und Abwasserschlämme [10].

Gegenwärtig wird an einem DDR-Standard „Vorbereitung, Bau und Betrieb von oberirdischen Deponien für toxische Abprodukte und Schadstoffe" gearbeitet. Dieser erste Entwurf hat u. a. auch der Forschungsstelle für chemische Toxikologie der AdW der DDR zur Stellungnahme vorgelegen. Begrüßenswert ist die Grundorientierung einer komplexen Betrachtungsweise von Deponierung und Minimie-

Tabelle 5
Vorgänge bei der Verwitterung (nach W. Bucksteeg: Gas- und Wasserfach, Ausgabe Wasser/Abwasser 110, 1969, 529)

physikalische V.	chemische V.	biologische V. (Verrottung)
Spaltung und Rissebildung durch wechselnden Wassergehalt und Frosteinwirkung	primär durch die im Niederschlag gelösten Gase der Luft: Sauerstoff und Kohlendioxid	Umwandlung organischer Substanz durch Mikroorganismen in aerobem Medium
Intensivierung der chemischen und biologischen Verwitterung	Senkung des pH, Auflösung von Feststoffen (Erdalkali- und Schwermetallverbindungen) durch Kohlensäure, Oxydation und Auflösung von Produkten der Vererzung von Eisen, Mangan, Schwefel	durchgreifende Oxydation organischer Verbindungen zu Kohlendioxid sowie organischer Verbindungen des Stickstoffs, Schwefels, Phosphors zu Nitrat, Sulfat, Phosphat

Tabelle 6
Vorgänge bei der Alterung des Mülls (nach W. Bucksteeg: s. Tab. 5)

Verdichtung	Umwandlung organischer Substanzen	Mineralbildung	
mechanische Verfestigung	biologischer Abbau durch Mikroorganismen in überwiegend anaerobem Medium (Faulung)	Bildung von Dauerprodukten steiniger Beschaffenheit	
		Vererzung	Petrifikation
		Umwandlung von Metallhydroxiden in Sulfide, Carbonate, Silicate, Phosphate	hydraulische Verfestigung

Tabelle 7
Auslaugung — Lösungsvorgänge (nach W. Bucksteeg: s. Tab. 5)

spontan lösliche Stoffe	lösliche Zwischenprodukte der Alterung	lösliche Endprodukte der Verwitterung
Lösung von Feststoffen, z. B. von Salzen aus Abfällen	organische Säuren, Aldehyde, Alkohole, sowie Metallionen, Bicarbonate, Phosphate, Schwefelwasserstoff	Kohlendioxid, Sulfate, Nitrate, Phosphate, Kieselsäure, Metallionen
Erhöhung der Wasserdurchlässigkeit, Aufsalzung von Grund- und Oberflächenwasser	Verhinderung der Bildung unlöslicher Endprodukte. Organische und anorganische Verschmutzung von Grund- und Oberflächenwasser	Erhöhung der Wasserdurchlässigkeit, Aufnahme von Endprodukten des biologischen Abbaus durch Grund- und Oberflächenwasser

rung der Umweltbelastung durch flankierende Maßnahmen, wie Schutz der Atmosphäre, des Grundwassers, Empfehlung diverser vorgeschalteter Entgiftungsmaßnahmen, Entgasung der Deponien, Monodeponien unter dem Gesichtspunkt einer späteren Wiederverwertung usw.

Es darf nicht mehr so sehr eine Trennung der Fragestellungen, ob Deponie — Kompostierung — Verbrennung oder chemische Sonderbehandlung im Vordergrund stehen, sondern — wie eingangs dargelegt — kommt es auf die sinnvolle Kombination unter Beachtung der Gesamtökonomie nach vorheriger Prüfung auf Wiederverwendung oder sekundäre Nutzung an. Es sollte allerdings der Standard eine deutliche Definition von toxischen Abprodukten und Schadstoffen enthalten.

Unter den chemischen Sonderabfällen spielen die toxischen Abfälle eine herausragende Rolle. Unter toxischen Abfällen sind solche zu verstehen, die für Mensch und Tier akut, subakut und chronisch toxisch oder anderweitig gesundheitsschädigend sind (z. B. schleimhautreizend, ätzend, allergen) oder die die Gefahr der cancerogenen, mutagenen oder teratogenen Spätschadenwirkung in sich bergen, d. h. also alle Gifte der Abt. 1 und 2 sowie solche Chemikalien, die nach neuesten internationalen Erkenntnissen potentielle Spätschadengefahren aufweisen. Alle derartigen Abfälle müssen in Vorbehandlungseinrichtungen entgiftet oder zumindest teilentgiftet werden. Dort wo dies noch nicht möglich ist, sind solche Abfälle und auch teilentgiftete Abfälle, wie im Entwurf des erwähnten Standards vorgesehen, innerhalb der Deponie nochmals getrennt und umzäunt, unserer Meinung nach in entsprechenden Fässern oder gesicherten Behältern abzulagern. Möglichkeiten bieten auch hier bestimmte Formen der untertägigen Deponie, beispielsweise in Fässern verpackt in bergmännischen Hohlräumen. Die Grundforderung ist, daß ein Vordringen in Luft, Wasser oder Boden unbedingt verhindert werden muß!

Hinsichtlich der vorstehend erwähnten Definition sind unter nicht deponierfähigen Schadstoffen alle solche mindertoxischen Abfälle zu verstehen, die durch ihre Herkunft oder ihre Eigenschaften eine Vermischung mit Hausmüll ausschließen. Dies kann z. B. ein zu hoher Wassergehalt sein, ferner die Neigung zu Bränden oder Explosionen, die Schädigung von Mikroorganismen des Bodens oder der Gewässer, geruchsintensive Inhaltsstoffe oder korrosives Verhalten gegenüber gängigen Baumaterialien.

Tabelle 8
Möglicherweise unverträgliche Abfälle (nach Berichte UBA, Berlin/West, 1977/2,39)

Erhitzung, heftige Reaktion, Ausgasung		
Gruppe 1 A Kalk, Kalkschlamm, Kalkmilch, Mörtel, Carbidschlamm, Soda, alle Arten von Alkalien und stark basischen Abfällen	mit	Gruppe 1 B Säureteer, Säureharz, Batteriesäure, saure Beizbäder, alle Arten von Mineralsäuren
Freisetzung von Giften im Falle von Brand oder Explosion		
Gruppe 2 A Asbestabfälle, Berylliumabfälle, Pestizidabfälle u. -behälter, andere toxische Abfälle	mit	Gruppe 2 B Lösungsmittelabfälle, Raffinerieabfälle, Mineralölabfälle, Altöl, alle Arten von flammbaren u. explosiblen Abfällen
Brand oder Explosion; Freisetzung von flammbarem Wasserstoffgas		
Gruppe 3 A Aluminium, Beryllium, Calcium, Lithium, Magnesium, Natrium, Kalium, Zinkpulver, alle anderen reaktiven Metalle, Metallkrätzen und Metallhydride	mit	Gruppe 3 B alle Alkalien und Säuren der Gruppen 1 A und 1 B

Tabelle 8 (Fortsetzung)

Wärmeentwicklung, Brand oder Explosion; Entwicklung von flammbaren oder giftigen Gasen		
Gruppe 4 A Alkohole, Wasser	mit	Gruppe 4 B alle konz. Alkalien oder Säuren, Calcium, Lithium, Metallhydride, Natrium, Kalium, $SOCl_2$, SO_2Cl_2, PCl_3, CH_3SiCl_3, alle anderen mit Wasser reagierenden Abfälle
Heftige Reaktion, Brand oder Explosion		
Gruppe 5 A Alkohole, Aldehyde, chlorierte Kohlenwasserstoffe, nitrierte Kohlenwasserstoffe, ungesättigte Kohlenwasserstoffe, alle anderen reaktiven organischen Verbindungen	mit	Gruppe 5 B Abfälle der Gruppe 3 A, alle konz. Alkalien oder Säuren
Entwicklung giftiger Gase		
Gruppe 6 A cyanidhaltige, sulfidhaltige und arsenhaltige Abfälle	mit	Gruppe 6 B Abfälle der Gruppe 1 B
Heftige Reaktion, Brand oder Explosion		
Gruppe 7 A Chlor, Chlorite, Chlorate, Perchlorate, Hypochlorite, Peroxide, Permanganate, Chromsäure, Nitrate und rauchende HNO_3, alle anderen starken Oxydationsmittel	mit	Gruppe 7 B organische Säuren, konz. Mineralsäuren, Abfälle der Gruppen 2 B, 3 A, 5 A, alle anderen flammbaren und brennbaren Abfälle

Auch wenn nicht in jedem Falle (mit Ausnahme der Explosionsgefahr) eine unmittelbare Gefährdung des Menschen zu verzeichnen ist, machen sich ebenfalls Vorbehandlungsmaßnahmen und gesicherte Ablagerung nötig. Für eine gemischte Ablagerung derartiger Abfälle muß eine Liste der wesentlichen miteinander unverträglichen Abfallarten erstellt werden (Tab. 8).

Kurz erwähnt sei noch die Notwendigkeit des Einbaues von Entgasungskaminen in Deponieanlagen. Aus Literaturberichten ist bekannt, daß es durch Deponiegas z. B. in Kellerräumen von in Deponienähe befindlichen Häusern zu Explosionen gekommen ist [11].

Einheitliche Vorschriften zur experimentellen Prüfung eines Abfallstoffes auf Deponierfähigkeit gibt es noch nicht, zumal eine Simulation der Deponierbedingungen im Labor kaum möglich ist. Eine industriell genutzte Untersuchungsvariante geht wie folgt vor [12]:

— Mischung mit destilliertem Wasser (1 : 1) und Herstellung eines wäßrigen Auszuges
— Untersuchung des wäßrigen Auszuges hinsichtlich Aussehen, Geruch, pH-Wert, elektrische Leitfähigkeit, gelöste Stoffe und Glührückstand.

Als deponierfähig wird dabei ein Material angesehen, das keine wasserlöslichen oder dispergierten Stoffe abgibt; anderenfalls wird der wäßrige Auszug dem TTC-Test unterzogen, d. h. der „Toxizitätsbestimmung" nach der Dehydrogenaseaktivität eines Belebtschlammes mittels 2,3,5-Triphenyltetrazoliumchlorid. Dabei werden nur irreversible Hemmeffekte erfaßt. Allerdings stellt auch dieser Test nur einen Aspekt für die Gesamtbeurteilung der Deponierbarkeit eines bestimmten Abfallstoffes einer bestimmten Quantität dar.

4. Maßnahmen für nichtdeponierbare Gifte

Die Entgiftungs- und Behandlungsverfahren nicht deponierbarer Gifte können einen sehr unterschiedlichen Aufwand erfordern. Die grundsätzlichen Bedingungen einer optimalen Entgiftungs- und Beseitigungsanlage für nichtdeponierbare chemische Sonderabfälle zeigt Abbildung 3. Gegebenenfalls sind aber schon sehr einfache Methoden geeignet, einen zunächst nichtdeponierbaren Abfall doch noch deponierfähig zu machen.

Beispielsweise reicht bei Schlämmen, die weniger gefährliche Schadstoffe enthalten, schon die Entwässerung zu einer stichfesten Form aus; für Abfälle und Schlämme mit toxischen Inhaltsstoffen oder anderen gefährlichen Schadwirkungen (z. B. Explosionsgefahr) oder Belästigung (z. B. Gerüche) müssen gesonderte Entgiftungsverfahren eingesetzt werden. Der Entgiftungsprozeß kann dabei bis zur völligen Zerstörung der Verbindung unter Bildung kleinster Bruchstücke geführt werden, so z. B. bei thermischen Prozessen oder radikaler chemischer Oxydation, bis zu einem ungefährlichen bzw. ungiftigen Abbauprodukt, wie etwa durch chemische oder biochemische Prozesse. Aber auch im Sinne einer Immobilisation wird

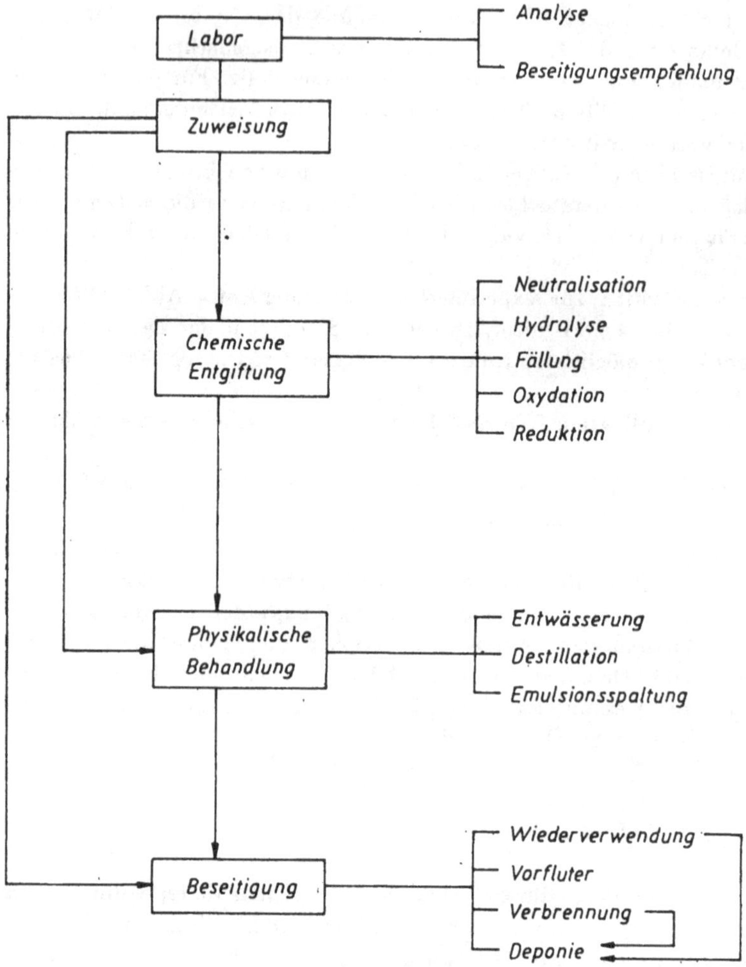

Abb. 3 Grundsätzlicher Aufbau einer zentralen Entgiftungs- und Behandlungsanlage für chemische Sonderabfälle

die giftige Substanz durch Fixierung an ein inertes Trägermaterial u. a. Prozesse in ihrer Gefährlichkeit für den Menschen und die Umwelt eingeschränkt, z. B. durch physikalisch-chemische oder chemische Prozesse.

Als Beispiel möchten wir auf die besonders für die Bindung und Entgiftung hochtoxischer Verbindungen wichtigen quellfähigen Schichtkristalle verweisen, die intensiv von Dosch untersucht worden sind [13]. Bestimmte Arten von natürlichen oder synthetischen Schichtverbindungen sind in der Lage, aus der Gasphase oder aus Lösungen zusätzliche Ionen oder Moleküle aufzunehmen und zwischen den Elementarschichten so zu speichern, daß die übereinanderliegenden

Schichten durch die sich einlagernden Moleküle auseinandergedrückt werden. Da die Adsorptteilchen in Form dichtgepackter Schichten gespeichert werden, wird eine hohe Aufnahmekapazität erzielt. Im Gegensatz zu den klassischen Adsorptionsmitteln erfolgt die Aufnahme vorwiegend durch Chemisorption. Quellfähige glimmerartige Schichtsilikate lagern dabei bevorzugt kationische basische Verbindungen (speziell Oniumkomplexe bildende Verbindungen wie Loste, Tammelinsche Ester und einige Psychogifte (LSD, Phenylethylaminderivate, Indolylethylaminderivate)) ein. Synthetisches Tetracalciumaluminathydrat lagert nach einem etwas anderen Mechanismus bevorzugt saure Verbindungen ein. Auch Neutralmoleküle werden im allgemeinen besser chemisorbiert als von natürlichen Schichtkristallen.

Ein sehr radikaler Entgiftungsprozeß ist die Verbrennung industrieller Sonderabfälle, in der DDR beispielsweise im VEB Synthesewerk Schwarzheide für PUR-Abfälle praktiziert [14]. Dabei sind Temperaturen $\geqq 900\ ^\circ C$ erforderlich; bei niedrigeren Temperaturen ist mit HCN und starker Rußbildung zu rechnen. Auf die vielfältigen Probleme der Verbrennungsverfahren kann hier nicht eingegangen werden, es sei nur soviel gesagt, daß sich oftmals sehr aufwendige Gasreinigungsverfahren nötig machen, beispielsweise für Stick- und Schwefeloxide, Salzsäure, in speziellen Fällen auch Phosgen u. a. gasförmige Gifte.

Die chemische Sonderbehandlung nichtdeponierbarer Gifte gestaltet sich insgesamt sehr unterschiedlich. Als ein Beispiel sei die Ablagerung von Ofenausbruch aus der Leichtmetallindustrie erwähnt. Inhaltsstoffe sind hierbei Nitride und Phosphide des Aluminiums und Magnesiums, aus denen sich bei Wassereinwirkung NH_3 und Phosphin bilden. Bei einer gemischten Ablagerung mit Hausmüll würde unter den herrschenden alkalischen Bedingungen gleichzeitig durch Reaktion von Lauge mit den Metallen Wasserstoff entstehen, der bei der starken Wärmetönung der Reaktion eine Explosionsgefahr darstellt. Hier wird es als ausreichend angesehen, das Abfallprodukt 2—3 Wochen getrennt vorzulagern und gelegentlich mit Wasser zu bedüsen, um den Ofenausbruch dadurch deponierfähig zu machen [15].

Ein weiteres Beispiel ist die einfache Fällung eines unerwünschten Abfallinhaltsstoffes; so enthält die Ausmauerung der Elektrolysezellen der NaCl-Elektrolyse deutliche Anteile löslicher Bariumverbindungen (aus dem $BaCl_2$-Zusatz), die bei gemischter Ablagerung zu einer Beeinträchtigung der Sickerwässer führen können. Die Entgiftungsmöglichkeit besteht in diesem Falle darin, daß man das Material in Körben in eine Na_2SO_4-Lösung (ggf. Abfall) einhängt und auf diese Weise auslaugt. Der anfallende unlösliche $BaSO_4$-Schlamm kann nach Entwässerung dann gemeinsam mit dem ausgelaugten Produkt deponiert werden [15].

Unter Umweltschutzgesichtspunkten wie auch gleichermaßen ökonomisch vertretbar lassen sich Entgiftungsverfahren gestalten, wenn das Einbringen zusätzlicher Fremd- bzw. Entgiftungsstoffe überhaupt vermieden werden kann. Ein solches Verfahren — beruhend auf der hydrolytischen Zerstörung — wurde vom VEB Jenapharm für die Entgiftung cyanidhaltiger Lösungen jeder Art und Konzentration entwickelt. Allein durch Anwendung von Wasser, Druck und Temperaturerhöhung erfolgt hierbei eine rasche Hydrolyse zu Formiat und Ammoniak. Ohne zusätzliche Aufsalzung der Abwässer und mit hoher Wirtschaftlichkeit werden so Cyanidrestgehalte von 0,1 mg/l erhalten.

Ökonomisch sehr günstig lassen sich Entgiftungsverfahren oftmals auch gestalten, wenn man Abfälle untereinander, d. h. mit anderen Abfällen behandelt, z. B. die gegenseitige Neutralisation getrennt angelieferter oder gesammelter saurer und basischer Abfälle oder Flockungsprozesse in der Abwasserreinigung durch Verwendung von Rotschlamm, dem Abfallprodukt der Bauxitherstellung ebenso auch die Reduktion von Chromatschlämmen mit Abfällen von Eisenbeizen.

Ganz generell sind die Neutralisationsverfahren in diesem Zusammenhang von besonderer Bedeutung. Im VEB Mineralölwerk Lützkendorf wird ein Neutralisationsverfahren für Säureharze mit Kraftwerksaschen genutzt. Die Verbrennung scheidet hier wegen des hohen Anteils an freier H_2SO_4 und Sulfongruppierungen aus. Deponierung in Hausmüllbecken (sog. Schlammteiche), wie es in einigen Staaten noch praktiziert wird, birgt deutliche Gefahren durch starke SO_2-Emissionen beim Einbringen und örtliche Überhitzung durch Reaktion mit basischem Material, z. B. Bauschutt, die zu Bränden führen kann. Zudem kann durch das Einbringen stark saurer Abfälle der durchschnittliche pH-Wert in der Umgebung der Einbringungsstelle in saurer Richtung verschoben werden (bessere Löslichkeit einiger Metallverbindungen).

Bewährt haben sich Neutralisationsverfahren mit gebranntem Kalk oder Kalkmilch, bei denen durch optimierte Reaktionsführung Temperatur und Gasentwicklung auf ein vertretbares Maß reduziert sind. Bei modernen Verfahren arbeitet man in wäßriger Suspension mit Tonmineralien als Dispergatoren und neutralisiert mit alkalischen Konzentraten. Der Energiebedarf ist dabei geringer, eine gute pH-Endpunkteinstellung ist möglich, SO_2-Emissionen werden vermieden, das Filtrat der neutralisierten Schlämme wird nach der Filterpresse recyclisiert, der Filterkuchen deponiert. Als wäßrige Phase sind gebrauchte Emulsionen nutzbar. Ähnliche gute Erfolge wurden in Lützkendorf mit Kraftwerksaschen erzielt, die einen Kalkgehalt von 15–30% aufweisen und als Suspensionen eingesetzt werden. Bei intensiver Mischung ist neben der Neutralisation eine sehr gute Öl-Harz-Adsorption an der Asche zu verzeichnen; Gasentwicklung tritt nicht auf, der End-pH-Wert liegt über 7 und der Restölgehalt ist kaum nachweisbar. Die wäßrige Phase kann in den Vorfluter geleitet werden, das Festprodukt wird deponiert [16].

Prinzipiell eignen sich auch biologische Verfahren zur Entgiftung; zahlreiche Vorgänge der natürlichen Selbstreinigung in Atmosphäre, Gewässern und Boden sind auf die entgiftende Metabolisierung der eingebrachten Schad- und Fremdstoffe mittels enzymatischer Prozesse von bzw. in Mikroorganismen zurückzuführen.

In technischen Dimensionen erweist sich eine solche Entgiftungsmöglichkeit jedoch als undurchführbar, insbesondere

— bei den meisten anorganischen Stoffen,
— bei biologisch sehr beständigen Stoffen und

— bei hohen Schadstoffkonzentrationen (die zur Vergiftung des betreffenden biologischen Systems führen).

Es ist allerdings möglich, für sehr viele chemische Verbindungen geeignete Bakterienstämme zu finden, die die betreffende Chemikalie unter bestimmten Voraussetzungen für ihren Stoffwechsel nutzen können. Geringe Konzentrationen an Formaldehyd, Phenol, Cyanid, bestimmte Pestizide und Herbizide können bakteriell abgebaut werden [17]. Allerdings ist für einen optimalen Abbau die Einhaltung zahlreicher Parameter nötig; beeinflussende Faktoren bestehen z. B. in der Menge der zur Verfügung stehenden Mikroben, der Konzentration des Giftes, den vorhandenen Nährstoffen, dem Sauerstoffeintrag, dem pH-Wert, der Temperatur oder der Verweilzeit.

Besonders wesentlich ist der Ausschluß störender Begleitstoffe, wie z. B. Schwermetallionen u. a. toxische Stoffe; dies ist bei chemischen Sonderabfällen jedoch kaum zu vermeiden, so daß sich mikrobielle Verfahren zur industriellen Sonderabfallbeseitigung kaum nutzen lassen, wenn auch Labor- und Pilotverfahren zur Entgiftung reiner (!) Schadstoffe erfolgreich verlaufen. Zudem muß man das sich ständig verändernde Produktionsprofil eines chemischen Großbetriebes einkalkulieren.

Trotzdem zeichnet sich die Möglichkeit ab, daß in der Zukunft auch in der Entgiftungspraxis Reaktionen eine Rolle spielen können, wie sie die Natur in den Lebensprozessen demonstriert. Im Bau- und Betriebsstoffwechsel eines lebenden Organismus (Pflanze, Tier und Mensch) laufen bekanntlich fast ausschließlich katalysierte Reaktionen ab, die durch Enzyme ermöglicht und beschleunigt werden und ohne Temperatur- oder Druckerhöhung ablaufen. Für verschiedenste industrielle Prozesse befinden sich isolierte Enzyme schon in der Anwendung; dabei ist es gelungen, die Enzyme durch Verwendung spezieller Immobilisierungstechniken mehrfach zu nutzen. Weitere Vorteile dieser immobilisierten Enzyme sind u. a. die Möglichkeit der Realisierung kontinuierlicher Prozesse, eine Erleichterung der Verfolgung des Reaktionsprozesses und die Enzymfreiheit der Produkte. Ein Anwendungsbeispiel, das in der Zukunft an Bedeutung gewinnen kann, ist der enzymatische Abbau von Celluloseabfällen zu D-Glucose. Dabei gelingt es, aus 1 Tonne Altpapier etwa $^1/_2$ Tonne Glucose zu erzeugen und aus dieser — nach Vergärung — etwa 365 l Ethanol [18].

Auch Laboratoriumsexperimente zum entgiftenden Abbau von Pestiziden mittels immobilisierter Enzyme werden schon beschrieben [19].

Kurz sei noch darauf verwiesen, daß auch schon völlig neue Wege in der Entgiftung toxischer Abfälle beschritten werden. Beispielsweise wurde in den USA ein Verfahren entwickelt, um toxische Abfälle mit Hilfe eines Mikrowellen-Plasmaprozesses zu zersetzen (zunächst für 50 kg/h ausgelegt). Die Anlage arbeitet mit einem Reaktorrohr, durch das die Abfallstoffe geführt werden. Mittels Mikrowellen wird ein ionisiertes Gas erzeugt, durch dessen chemisch-elektrische Wirkung die Zersetzung der organischen Stoffe bewirkt wird [20, 21]. Eine industrielle Anwendung wird in wenigen Jahren in Aussicht gestellt.

Möglicherweise werden auch strahlenchemische Entgiftungen bei der Lösung bestimmter Probleme helfen. Neuere Arbeiten beschäftigen sich bereits mit der strahlenchemischen Entgiftung von toxischen Abgasinhaltsstoffen [22, 23].

Vom Massachusetts Institute of Technology wurde eine sichere und wirtschaftliche Methode zum Abbau von polychlorierten Biphenylen in Abwässern entwickelt [24]. Die Bestrahlung fließender Gewässer mit energiereichen Elektronen führt zur primären Aufspaltung der Wassermoleküle; die Reaktion der freigesetzten OH-Radikale mit den PCB's führt zu biologisch abbaubaren Verbindungen, beispielsweise aromatische Alkohole.

Daneben werden auch neue Erkenntnisse der organischen und anorganischen Synthesechemie für bestimmte Entgiftungsaufgaben interessant. Genannt seien hier die Nutzung von Phasentransfer-Katalysatoren, von polymeren Reagenzien oder die Aktivierung von Reagenzien und Katalysatoren durch das Aufbringen auf feste Träger.

So werden u. a. Versuche beschrieben, ein Abwasser aus der Textilindustrie mit einem Gehalt von 500 ppm Sulfid unter Verwendung von perlförmigem Katalysator (Mn auf Al_2O_3) durch Luftoxydation auf einen Gehalt von 1 ppm abzusenken [25]. Hier eröffnen sich Möglichkeiten für die verbesserte Nutzung katalytischer Verfahren, die in homogener Phase oftmals nicht für Entgiftungszwecke genutzt werden konnten, weil sich unlösbare Probleme aus der Abtrennung des Katalysators (z. B. Kupferionen bei der Entgiftung von Cyaniden mit H_2O_2) ergaben.

Was man jedoch nicht erwarten darf, ist die Entwicklung eines ökonomischen Universalverfahrens, das gleichzeitig alle anstehenden Entgiftungsprobleme für wäßrige, feste und flüssige Gifte löst. Auch die modernsten Verfahren werden stets nur in der Lage sein, für eine ganz bestimmte Problematik einen optimalen Lösungsweg anzubieten.

5. Die spezielle Problematik der Entgiftung im Laboratorium

Zum Abschluß noch einige Bemerkungen zur Notwendigkeit der Laborentgiftung [26, 27]. Die hierbei anfallenden Mengen sind nicht unwesentlich und sollten nicht unterschätzt werden. So wurde beispielsweise im Jahre 1975 der Laborabfall in der BRD allein für die chemische Industrie auf 20—40 000 Tonnen geschätzt [28].

Die nach Inkrafttreten des neuen Giftgesetzes der DDR steigende Zahl von Anfragen hat uns veranlaßt, ein Tabellenmaterial auszuarbeiten, das die wesentlichsten Voraussetzungen für Entgiftungsarbeiten im Labor und die günstigste Beseitigungsmöglichkeit für Abfälle und „verschüttetes Material" für die wichtigsten Substanzklassen enthält. Dieses Material ist diesem Bericht als Anlage beigefügt.

Die Überlegungen müssen auch bei der Laborentgiftung dahin gehen, Rückstände und Abfälle nicht nur in ihrer Toxizität zu entschärfen, um sie ins Abwasser einzuleiten oder zu deponieren, sondern bei der Entgiftung (mit den be-

α-Chlorcarbonylverbindungen, z.B. 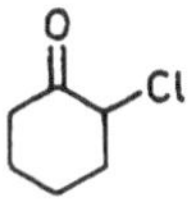	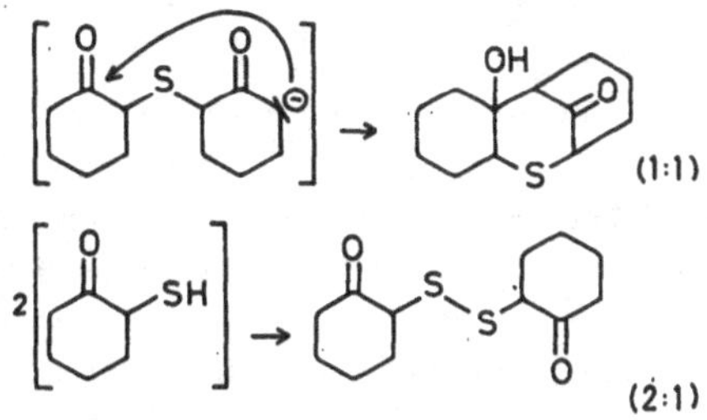
Allylhalogenide, z.B. $H_2C{=}C(CH_2Cl)_2$; $ClCH{=}C(CH_3)CH_2Cl$	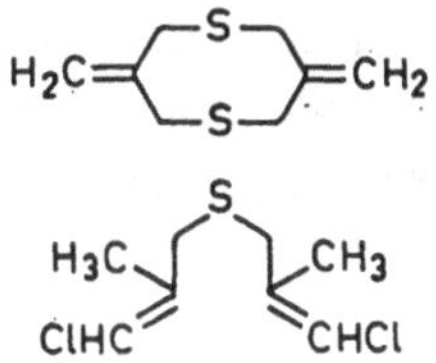
Propargylhalogenide, z.B. HC≡C-CHBr	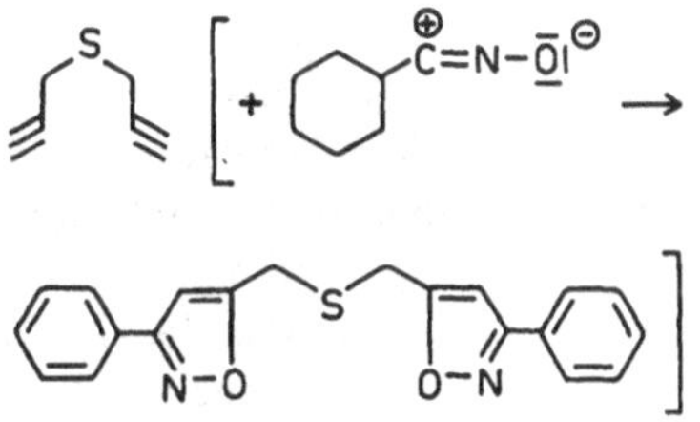
1,2-Dihalogenide, z.B. 1,2-Dichlorethan	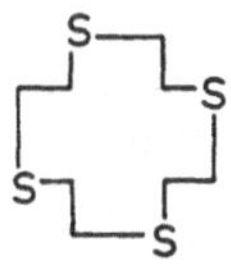 (daneben je nach Reaktionsbedingungen 15- und 18 gliedrige Ringe)
Methylenbromid	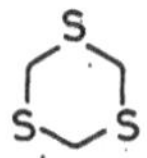
ungesättigte Nitrile, z.B. $H_2C{=}CH{-}CN$	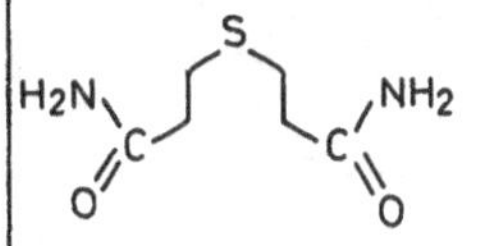 (Na_2S-Überschuß, 30°C)

Abb. 4 Ausgewählte Reaktionen organischer Halogenverbindungen mit Na_2S unter phasentransfer-katalytischen Bedingungen

kannten Mitteln) sollten ebenfalls neue Produkte mit möglicherweise nutzbaren Eigenschaften angestrebt werden.

Beispielsweise haben wir bei der Umsetzung verschiedener Organohalogenverbindungen mit Natriumsulfid, das aus der Militärchemie als Entgiftungsmittel für Loste, Brombenzylcyanid, Halogenketone, -ether und -carbonsäuren, Halogenalkylbenzole u. a. bekannt ist, beim Arbeiten in wäßriger Lösung in Gegenwart eines PTC-Katalysators eine Reihe interessanter schwefelorganischer Produkte erhalten [29 bis 32]. Potentielle Eigenschaften solcher Verbindungen als Synthesebausteine sind z. B. mögliche Additivwirkung für Schmieröle, aber auch potentielle fungizide Wirkungen und einige Verbindungen aus diesem Programm bieten sich zur Prüfung auf anticancerogene Wirkung an (Abb. 4).

Ähnliches gilt für Resultate, die bei Umsetzungen mit Sulfurylchlorid und anderen Schwefelchloriden erhalten worden sind und die zu nutzbaren bifunktionellen Verbindungen führen [33].

6. Schlußbemerkungen

Insgesamt können diese Darlegungen nur einen skizzenhaften Einblick in das hochaktuelle Gebiet des chemisch-technisch orientierten Zweiges der Umwelttoxikologie vermitteln. Technische, toxikologische und ökonomische Problemstellungen greifen hierbei in vielfältiger Weise ineinander. Es bedarf noch intensiver Forschungs- und Entwicklungsarbeit, um zu optimalen Lösungen bzw. zu solchen Varianten der technischen Realisierung zu gelangen, die den spezifischen Bedingungen der DDR-Wirtschaft angemessen sind und den Kriterien des über unsere Landesgrenzen hinausreichenden Umweltschutzes entsprechen. Wir hoffen, mit diesen knappen Ausführungen sowie den als Anlage diesem Bericht beigefügten Angaben den Eindruck zu vermitteln, daß es bereits sehr hoffnungsvolle Ansätze gibt, die Entgiftungs- und Deponierproblematik aus dem Stadium der Empirie in das der wissenschaftlich-technischen Beherrschung zu überführen.

Literatur

[1] Wohin mit den Abfällen. Stand der Abfallbewirtschaftung und der Kehrichtverwertung in der Schweiz. Dokumentation der Aktion Saubere Schweiz, Zürich 1976.

[2] Lohs, Kh., Martinetz, D.: Entgiftung. Mittel, Methoden und Probleme. WTB-Reihe, Akademie-Verlag, Berlin 1978.

[3] Martinetz, D: Immobilisation, Entgiftung und Zerstörung von Chemikalien. VEB Dtsch. Verlag für Grundstoffindustrie, Leipzig, im Druck.

[4] Lohs, Kh.: Synthetische Gifte, 4. Auflage, Militärverlag der DDR, Berlin 1974; Lohs, Kh.: In SIPRI — Jahrbuch 1978. Hrsg. vom Stockholm International Peace Research Institute.

The MIT Press, Cambridge, London. Almqvist & Wiksell, Stockholm, S. 360; MARTINETZ, D.: Chem. Techn., im Druck.
[5] Abfallwirtschaft, Band 1. Praxis der geordneten Deponie. 2. Seminar Abfallwirtschaft an der TU Wien. Eigenverlag des Institutes für Gewässerregulierung, Landwirtschaftlichen Wasserbau und Abfallwirtschaft der TU Wien, Wien 1978.
[6] VAN WICKEREN, P.: Veröffentlichungen des Instituts für Gewässerregulierung, Landwirtschaftlichen Wasserbau und Abfallwirtschaft der TU Wien 1976 (2), 2.
[7] JAGSCH, R., LOHS, KH.: Chem. Techn. 28 (1976) 209.
[8] WIENHOLD, K., SOHR, H., ROLLE, W.: Sitzungsberichte der AdW der DDR 2N (1978) 106.
[9] Materialien des UBA (Berlin/West) 2/1976. Materialien zum Abfallwirtschaftsprogramm 1975. VI. Metallhaltige Schlämme und Aschen.
[10] RONNEBURGER, J.: Chem.-Ing.-Techn. 50 (1978) 321
[11] TABASARAN, O.: Müll u. Abfall 1976 (7), 204.
[12] LEIB, H.: Chem.-Ing.-Techn. 46 (1974) 319.
[13] DOSCH, W., KELLER, H.: Zivilverteidigung (Bad Honnef) 1972 (2), 68.
[14] WALTER, K.: Technik und Umweltschutz 16 (1977) 80.
[15] HILGER, K.: Veröffentlichungen des Institutes für Gewässerregulierung, Landwirtschaftlichen Wasserbau und Abfallwirtschaft der TU Wien 1976 (2), 18.
[16] MARTENS, H., GORKE, H.: Technik und Umweltschutz 17 (1977) 83.
[17] HOWE, R. H. L.: Process Biochemistry 1969 (2), 18.
[18] GRÄF. H.-D.: Pharmazie in unserer Zeit 6 (1977) 43.
[19] MUNNECKE, D. M.: Process Biochemistry 13 (1978) Nr. 2.
[20] N. N.: Umweltschutzdienst (UWD) 1976 (12), 10.
[21] BAILIN, L. J., HERTZLER, B. L.: Environmental Science & Technology 12 (1978) 673.
[22] DRAWE, H.: Chemiker-Ztg. 101 (1977) 425.
[23] WIESBÖCK, R., PROKSCH, E.: Kerntechnik 18 (1976) 390.
[24] N. N.: Das techn. Umweltmagazin 1978 (4), 46.
[25] GNIESER, J.: Chem. Rdsch. 1977, Nr. 34.
[26] LOHS, KH., MARTINETZ, D.: Z. Chem. 16 (1976) 293.
[27] ALLISSON, S.: Chem. Rdsch. 27 (1974) 28, 17.
[28] Abfallbewirtschaftungsprogramm der BRD 1975, Umweltbrief Nr. 13 (1976), 61.
[29] MARTINETZ, D., LOHS, KH.: Z. Chem. 15 (1975) 283.
[30] MARTINETZ, D., HILLER, A.: Z. Chem. 16 (1976) 320.
[31] MARTINETZ, D., HILLER, A.: Z. Chem. 18 (1978) 61.
[32] MARTINETZ, D.: Z. Chem. 16 (1976) 1.
[33] MARTINETZ, D.: Z. Chem. im Druck.
[34] Laboratory Waste Disposal Manual. Manufacturing Chemists Association (USA) 1969 (revised 1975).
[35] ROTH, L.: Giftliste. Verlag Moderne Industrie, München 1976.
[36] MARTINETZ, D.: Wissenschaft und Fortschritt, im Druck.

Tabellenanhang
Entgiftung im chemischen Laboratorium

(zusammengestellt nach [2, 3, 26, 27, 34, 35])

Tabelle 1

Grundlegende Behandlungsmöglichkeiten für Laborabfälle

RECYCLING

Restmengen von Chemikalien, relativ einheitliche Flüssigchemikalien und Lösungsmittel sowie sehr wertvolle Stoffe sollten auch im Laboratorium sofort wiederaufbereitet (regeneriert) oder zur Regenerierung gesammelt werden, sowohl aus Kostengründen als auch im Hinblick auf den Umweltschutz. Beispielsweise können brennbare Abfall-Lösungsmittel (Alkohole, Aceton, Benzen u. a.) zur Verbrennung anderer Laborabfälle günstig genutzt werden (vgl. Tab. 7 u. 8).

IMMOBILISATION

Der toxische oder anderweitig gefährliche Stoff wird durch chemische oder physikalisch-chemische Prozesse in eine neue mindertoxische bzw. umweltfreundlichere Form überführt, z. B. Ausfällung als schwerlösliche Verbindung (Hg-Ionen als Sulfid), Amalgamierung, Adsorption an Aktivkohle, Veretherung oder Veresterung unerwünschter OH-Gruppen usw.

ENTGIFTUNG

Der toxische oder anderweitig gefährliche Stoff wird durch chemische, physikalisch-chemische oder biologische Prozesse in eine neue chemische Verbindung überführt, die im Idealfall völlig ungiftig bzw. ungefährlich ist.

ZERSTÖRUNG

Der toxische oder anderweitig gefährliche Stoff wird durch Wärmeeinwirkung (Pyrolyse oder Verbrennung) in kleinste gasförmige Bruchstücke überführt, die im Idealfall ungiftig und ungefährlich sind (zu beachten ist jedoch, daß sich aus Heteroatomen unerwünschte Produkte wie Schwefel- und Stickoxide, HCl, HCN bilden können und daß auch unvollständig verlaufende thermische Prozesse zu giftigen Produkten führen können).

Tabelle 2

Grundsätzliche Einteilung von Laborabfällen

1. Kehricht

Harmlose feste anorganische und organische Abfälle; können in Papier- oder Plastesäcken verpackt gefahrlos gemeinsam mit Hausmüll deponiert oder verbrannt werden, unter der Voraussetzung, daß sie keine Produkte der Gruppe 3 oder 4 enthalten.

2. Organische Lösungsmittel und Flüssigchemikalien

Chlorierte Lösungsmittel und übrige Lösungsmittel, einschließlich darin gelöster ungefährlicher Substanzen, sofern sie nicht mit Wasser oder untereinander reagieren und der totale Chlorgehalt 5% nicht überschreitet sowie ungefährliche Flüssigchemikalien (wie Öle). Es sollten von vornherein möglichst niedrigchlorierte Lösungsmittel (z. B. Methylenchlorid anstelle von Tetrachlorkohlenstoff) eingesetzt werden. Wenn möglich, sollten gebrauchte Lösungsmittel destillativ regeneriert werden; auch minderwertige Fraktionen können beispielsweise für Reinigungszwecke (Spülaceton) eingesetzt werden. Nichtverwertbare Lösungsmittel und Flüssigchemikalien sollten, wenn o.g. Voraussetzungen erfüllt sind, möglichst gesammelt und zentralen Flüssigkeitsverbrennungsanlagen übergeben werden; ist dies nicht möglich, müssen sie im Freien und in kleinen Portionen unter strengen Sicherheitsbestimmungen verbrannt werden, sofern sie keine Stoffe der Gruppe 3 oder 4 enthalten

3. Giftige, stark saure oder basische, ätzende, schleimhautreizende, oxydierende, reduzierende, pyrophore, feuergefährliche, explosible oder geruchsbelästigende Stoffe oder Lösungen

Derartige Stoffe sind unverzüglich und unter Beachtung aller Sicherheitsvorschriften and Ort und Stelle entgiftend oder immobilisierend zu behandeln (vgl. Tabellen 6—9). Eine Aufbewahrungszeit über 2 Monate sollte vermieden werden. Stoffe der Gruppe 4 dürfen nicht enthalten sein.

4. Radioaktive Abfälle

Bei Arbeiten mit radioaktiven Stoffen u. bei der Beseitigung der Abfälle hat man sich in der DDR an das Staatliche Amt für Atomsicherheit und Strahlenschutz, Berlin zu wenden.

Tabelle 3
Was ist bei Entgiftungsarbeiten im Labor zu beachten?

1. Prüfen ob Rückgewinnung möglich und lohnend.
2. Nur ausgebildetes, ausgeruhtes und gesundes Personal mit Entgiftungsarbeiten betrauen; keine Jugendlichen, Schwangere oder unter Medikamenteneinfluß stehende Personen.
3. Größte Sauberkeit und Sorgfalt walten lassen, überhastetes Arbeiten vermeiden.
4. Mindestens 2 Personen einsetzen.

5. Inkompatible Substanzen ausschließen (vgl. Tabelle 5).
6. In geeigneten Räumen, unter gut ziehenden Abzügen (evtl. im Freien!) arbeiten; geeignete Apparaturen und Geräte verwenden (säurefest geflieste Becken, Abflüsse evtl. zu Sammeleinrichtungen, Frischluftversorgung).
7. Feuerlöschmittel (Löscher, Decken, Sand) bereitstellen.
8. Persönliche Schutzausrüstung (Schutzbrille, Schutzhandschuhe, Gummischürze, evtl. Schutzmaske) anlegen.
9. Nicht zu große Ansätze planen, lieber kleinere Ansätze mehrmals wiederholen.
10. Richtige Reihenfolge und langsame Entgiftungsmittelzugabe beachten.
11. Kühlmischungen und Eimer bereithalten.
12. Entgiftungsmittel meist im Überschuß anwenden; evtl. Überschuß (z. B. Aktivchlor) nach beendeter Reaktion seinerseits entgiften.
13. Vollständigkeit der Entgiftungsreaktion überprüfen.
14. Stickstoff oder anderes Inertgas für evtl. Spülzwecke bereithalten.
15. Bei Verbrennung im Freien (Eisenwanne oder offene Grube) strenge Sicherheitsmaßstäbe (gesicherte Stelle, Personen und Tiere außerhalb der Windrichtung, evtl. Zuschlagstoffe beimischen bzw. zu verbrennendes Gut hoch verdünnen [z. B. Peroxide], Zündung mit Lunte) anlegen.
16. Beschmutze Fußböden und Arbeitstische nach den Entgiftungsarbeiten (evtl. unter Zusatz eines geeigneten Entgiftungsmittels) mit Seifenlösung reinigen, benutzte Geräte in die entsprechende Entgiftungslösung einlegen.
17. Bei Arbeiten mit hochtoxischen Stoffen muß ein entsprechend ausgebildeter Arzt auch nach Dienstschluß erreichbar sein (bei längerer Inkubationszeit!).

Tabelle 4

Wesentliche Entgiftungschemikalien und Hilfsmittel, die im Labor stets bereitstehen sollten

NEUTRALISATIONSMITTEL

Basen

Ätznatron und Ätzkali sowie deren konz. Laugen (30%ig); Salmiakgeist (NH_4OH), Ammoniakgas (NH_3), Soda (Na_2CO_3), Pottasche (K_2CO_3); gelöschter Kalk [$Ca(OH)_2$]

Säuren

Salzsäure konz. (32—36%ig) und verdünnt (2N), Schwefelsäure konz. (95—97%ig) und verdünnt (4N); Kohlensäure (CO_2); Amidosulfonsäure (NH_2SO_3H)

REDOXMITTEL

Reduktionsmittel

Eisen(II)-sulfat ($FeSO_4$);
Natriumbisulfit ($NaHSO_3$);
Natriumsulfit (Na_2SO_3);

Oxydationsmittel

Natriumhypochlorit (Eau de Labarraque, 12—15% Aktivchlor, NaOCl), Kaliumhypochlorit (Eau de Javelle,

Natriumthiosulfat ($Na_2S_2O_3$); Schwefeldioxid (SO_2)

KOCl), Chlorkalk und Calciumhypochlorit [$Ca(OCl)_2$]; Wasserstoffperoxid 3%ig, 15%ig, 30%ig (H_2O_2); Carosche Säure (Peroxomonoschwefelsäure, H_2SO_5); Kaliumpermanganat ($KMnO_4$); Salpetersäure konz. (HNO_3); Chromsäure (CrO_3/H_2O) und Chromschwefelsäure (CrO_3/H_2SO_4); Chloramine (R^1R^2NCl); Chlorgas (Cl_2); Cerammonnitrat $(NH_4)_2[Ce(NO_3)_6]$; Hopkalit (Oxidgemisch, Hauptbestandteil MnO_2)

FÄLLMITTEL

Kalkmilch [$Ca(OH)_2$] und Natronlauge; Soda (Na_2CO_3); Ammonsulfid [$(NH_2)_2S$]; Natriumsulfid (Na_2S); Schwefelwasserstoff (H_2S); Eisen(III)-chlorid ($FeCl_3$); Aluminiumsulfat [$Al_2(SO_4)_3$]

SONSTIGE CHEMIKALIEN

Kalksteinpulver ($CaCO_3$), Kieselgur (Diatomeenerde), Vermiculit (Glimmerart); Seifenpulver; Lösungsmittel (C_1—C_4-Alkohole, Dioxan, Aceton, Benzen u. a.). Aktivkohle, Calciumpolysulfid, Schwefel, Zink- oder Messingpulver

HILFSMITTEL, GERÄTE

Unitestpapier; Nitritpapier (o-Aminobenzalphenylhydrazon); Jod-Kalium-Stärke-Papier; KJ/Ammoniummolybdat oder Titanylchlorid (Peroxide); Plastik- und Papiersäcke; Zellstoff, Sägemehl, Sand; Holzwolle;
neben den normalen Laborgeräten sollten vor allem Wasserzerstäuber, Eimer und Eisenwannen für die Verbrennung im Freien sowie entsprechende Lunten bereitgehalten werden;
Kühlmittel bzw. -mischungen;
persönliche Schutzausrüstung einschließlich Feuerlöscher

Tabelle 5
Inkompatibel, weil heftig miteinander reagierende Chemikalien

Grundstoff	*keinen Kontakt mit*
Acetylen	Halogen, Kupfer, Quecksilber, Silber
Alkalimetalle auch Aluminium- u. Magnesiumpulver	Wasser, Halogene, chlorierte Kohlenwasserstoffe, HCN, CO_2 (Feuerlöscher)

Ammoniak (wasserfrei)	Hg(Manometer), Halogene, Calciumhypochlorit, HF
Ammoniumnitrat	Metallpulver, Säuren, Chlorate, Nitrite, Schwefel, brennbare Lösemittel, feinverteilte brennbare Feststoffe
Anilin	Salpetersäure, Perhydrol
Aktivkohle	Calciumhypochlorit, alle oxydierenden Reagenzien
Blausäure	Salpetersäure, Alkalimetalle
Brennbare Lösemittel	Ammoniumnitrat, Chromsäure, Halogene, Perhydrol, Natriumperoxid, Salpetersäure
Brom und Chlor	Metallpulver, Wasserstoff, Ammoniak, Acetylen, Butadien, Methan, Propan, Buten, Terpentine, Benzen
Chlordioxid	Ammoniak, H_2S, Phosphin, Methan, Schwefel
Chloramine	NH_3, NH_4^+, Harnstoff, NH-Verbindungen
Chlorate	Metallpulver, Ammoniumsalze, Säuren, Schwefel, feinverteilte brennbare Feststoffe
Chlorkalk (trocken)	oxydable Substanzen
Chlorite	Na_2SO_3, $NaHSO_3$
Chromsäure	Essigsäure, Naphthalen, Campher, Glycerol, Terpentine, Alkohol, brennbare Lösemittel
Cumolhydroperoxid	anorganische und organische Säuren
Eisessig	Chromsäure, Salpetersäure, Perchlorsäure, Peroxide, Permanganat
Fluor	mit nichts in Kontakt bringen!
Fluorwasserstoffsäure (wasserfrei)	Ammoniak (wäßrig oder wasserfrei)
Jod	Ammoniak (wäßrig oder wasserfrei), Wasserstoff, Acetylen
Kaliumchlorat	anorganische Säuren
Kaliumperchlorat	speziell Schwefelsäure
Kaliumpermanganat	Schwefelsäure, Ethylenglykol, Benzaldehyd, Glycerol
Kohlenwasserstoff, aliph. und aromatisch (z. B. Propan, Butan, Benzine, Terpentine, Benzen)	Halogene, Chromsäure, Natriumperoxid
Natriumperoxid	Ethylacetat, Ethylalkohol, Ethylenglykol, Benzaldehyd, Eisessig, Essigsäureanhydrid, Glycerol
Oxalsäure	Quecksilber, Silber
Perchlorsäure	Wismut und Legierungen, Essigsäureanhydrid, Alkohol, Papier, Holz, Zucker

Sauerstoff (flüssig)	alle organischen brennbaren Materialien (Asphalt!)
Schwefelkohlenstoff	Natriumperoxid
Schwefelsäure	Kaliumchlorat und -perchlorat, Kaliumpermanganat
Schwefelwasserstoff	rauchende Salpetersäure, oxydierende Gase
Silber	Ammoniumverbindungen, Acetylen, Oxalsäure, Weinsäure
Wasserstoffperoxid (konz.)	Alkohole, Aldehyde, Ketone, Kohlenhydrate

Tabelle 6
Vernichtung von oxydierenden und reduzierenden Stoffen

Stoffart	*verschüttetes Material*	*Abfälle*
oxydierende Stoffe	mit einem Reduktionsmittel (Na_2SO_3, $NaHSO_3$ oder $FeSO_4$) vermischen und mit Wasser übersprühen (bei Sulfit und Eisensalz etwas 3M H_2SO_4 zusetzen); den Schlamm in einem großen Becherglas mit kalz. Soda neutralisieren und mit sehr viel Wasser in die Kanalisation spülen; verschmutzte Stelle mit Seifenlösung unter Zusatz von etwas Reduktionsmittel säubern	in Überschuß eines konz. Reduktionsmittels geben und mit 3M H_2SO_4 ansäuern; nach Reduktion neutralisieren und mit sehr viel Wasser in die Kanalisation spülen
reduzierende Stoffe	mit kalz. Soda oder $NaHCO_3$ vermischen und mit Wasser besprühen; in großes Becherglas füllen und vorsichtig das gleiche Volumen Calciumhypochloritlösung zusetzen; mit Wasser verdünnen und 2 Std. stehenlassen; wenn nötig (Unitestpapier) neutralisieren und mit viel Wasser in die Kanalisation spülen	

Tabelle 7
Einfache und rasche Vernichtung wesentlicher anorganischer Laborchemikalien

Chemikalie	*verschüttetes Material*	*Abfälle*
Aktivchlorverbindungen	werden mit einer $Na_2S_2O_3$-Lösung behandelt (für 1 kg Chlorkalk werden etwa 0,3 kg $Na_2S_2O_3$ benötigt)	

Alkalien u. Ammoniak	mit Zellstoff oder Papier aufnehmen bzw. in Wasser lösen, verdünnen und mit 6 M HCl neutralisieren
Amide	mit Papier aufnehmen, in kaltes Wasser einrühren und neutralisieren; Alkaliamide können auch in Dioxan suspendiert tropfenweise mit Ethanol (bei großen Mengen zunächst i-Propanol) versetzt werden, nach beendeter NH_3-Entwicklung wird das gebildete Alkoholate vorsichtig mit Wasser zersetzt und nach Neutralisation mit viel Wasser in die Kanalisation gespült
Anorganische Anionen	mit kalz. Soda bedecken und vermischen, in großes Becherglas mit viel Wasser geben, 24 Std. stehenlassen und neutralisieren (im Falle von Fluoriden zusätzlich gebrannten Kalk zusetzen)
speziell:	
Chloride	gründlich mit $NaHCO_3$ mischen, auf Porzellanschale ausbreiten (Abzug) und mit 6 M NH_4OH unter Umrühren besprühen, nach Verflüchtigung des NH_4Cl-Dampfes Eiswasser zugeben, in größerem Behälter verdünnen und neutralisieren
Chromat (u. CrO_3)	auf pH 2—3 bringen und durch Zugabe von $NaHSO_3$ (ca. 40 g für 20 g CrO_3) zu Cr^{3+} reduzieren (90 Min.), mit NaOH auf einen pH um 8,5 alkalisieren, das ausfallende $Cr(OH)_3$ abtrennen (Recycling anstreben), Filtrat neutralisieren und mit viel Wasser in die Kanalisation spülen; chromhaltige Abfälle dürfen nicht verbrannt werden, da sich in der Hitze Cr^{VI} bildet
Cyanide	mit Vermiculit vermischt aufnehmen, in großem Becherglas mit NaOH alkalisch machen und mit Überschuß $FeSO_4$-Lösung versetzen, nach 1 Std. reichlich verdünnt in die Kanalisation ablassen; oder den Cyanidschlamm mit Überschuß Schwefel vermischen und durch Erhitzen zum Thiocyanat immobilisieren, das mit viel Wasser verdünnt wird
	in Überschuß stark alkalischer $Ca(OCl)_2$- oder NaOCl-Lösung einbringen und nach 24 Std. reichlich mit Wasser verdünnen (evtl. neutralisieren), der Hypochloritüberschuß kann mittels Nitritpapier festgestellt werden und wird seinerseits mittels $Na_2S_2O_3$ beseitigt
Nitrite	Reduktion mit Amidosulfonsäure zu Stickstoff bei pH 3 (nicht zu sauer arbeiten, da Gefahr der Stickstoffbildung); oder Oxydation zu Nitrat bei pH 4 (Hypochlorit) und Neutralisation
Sulfide	mit Vermiculit aufsaugen oder in Wasser lösen, im Freien mit $FeCl_3$-Lösung verrühren und leichten Überschuß kalz. Soda zugeben, mit viel Wasser in die Kanalisation spülen; verschmutzte Stelle mit Seifenlösung säubern

Thiocyanate	mit halbkonz. H_2SO_4 zu COS und Hydrogensulfat zersetzen, COS zerfällt in Wasser langsam in CO_2 und H_2S (Abzug!)	
Azide	mit Zellstoff oder Papier aufnehmen und mit 10%iger Cerammonnitratlösung entgiften	das in Wasser aufgenommene Azid tropfenweise zu einer Cerammonnitratlösung geben (gasometrische Verfolgung der N_2-Bildung), das Reaktionsgemisch vorsichtig eindampfen und den Rückstand verbrennen
Brom	unter Rühren in verdünnte Lauge tropfen, das gebildete Hypobromit mit $Na_2S_2O_3$-Lösung zerstören und hochverdünnt in die Kanalisation leiten	
Carbide	mit Vermiculit (auch Kieselgur o. ä.) bedecken und in trockenem Eimer an gesicherte Stelle im Freien bringen, mit viel Wasser vermischen und die enstehenden Kohlenwasserstoffe mit Zündflamme abbrennen, 24 Std. stehenlassen, feste Rückstände deponieren	
Hydrazin	aufnehmen und auf max. 5%ige Lösung verdünnen, Wasserstoffperoxid (1 Mol pro Mol Hydrazin) oder $Ca(OCl)_2$-Lösung (7—10 Gewichtsteile pro Gewichtsteil Hydrazin) zusetzen	
Hydride	in trockenem mit Stickstoff ausgeblasenem Plastikbeutel aufnehmen und im Freien verbrennen, die Verbrennungsrückstände mit Wasser übergießen	in Eisenwanne oder offener Grube verbrennen; oder mit trockenem Sand vermischt ins Freie bringen und langsam mit trockenem Butanol versetzen, mit Wasser übersprühen bis der letzte Hydridrest beseitigt ist, mit Wasser verdünnen, wenn nötig neutralisieren, feste Rückstände deponieren
	Alkali- und Erdalkalihydride können auch in wasserfreiem Dioxan suspendiert werden, zu dem man unter Rühren i-Propanol tropft bis kein Wasserstoff mehr entsteht, das Alkoholat wird vorsichtig mit Wasser zersetzt und nach Neutralisation mit viel Wasser in die Kanalisation gespült (bei größeren Ansätzen ist das entstehende Metallhydroxid vorher zu entfernen);	
speziell: Alkaliborhydride	Alkaliborhydride werden in Methanol und viel Wasser gelöst und tropfenweise mit HCl versetzt, das sich primär bildende giftige Diboran (Abzug!) zersetzt sich zu Borsäure und H_2 (!), nach 24 Std. stehenlassen kann mit viel Wasser in die Kanalisation gespült werden	

Lithiumaluminiumhydrid	Lithiumaluminiumhydrid wird in abs. Dioxan suspendiert und unter Kühlen und Rühren tropfenweise mit Essigester versetzt, die sich bildenden Alkoholate werden vorsichtig mit Wasser zerstört, neutralisiert und mit viel Wasser verdünnt
Intermetalloidverbindungen	mit $NaHCO_3$ oder kalz. Soda/gelöschtem Kalk (1 : 1) abdecken, mischen und mit Wasser besprühen (Vorsicht vor Stichflammen), wenn keine Reaktion mehr erfolgt in großen Behälter mit viel Wasser geben und neutralisieren
Metallcarbonyle	können mit konz. H_2SO_4 zersetzt werden; günstiger ist die Behandlung mit einem Gemisch aus Hopkalit/Aktivkohle, die Kohle sorgt für katalytische Zersetzung, das Hopkalit für die Oxydation des CO
Metalle*	Alkali- und Erdalkalimetalle mit kalz. Soda bedecken, aufnehmen und in i-Propanol oder t-Butanol einbringen, nach 24 Std. mit viel Wasser in die Kanalisation spülen (sollte die Reaktion nicht anspringen, kann etwas Methanol zugesetzt werden); verschüttete Quecksilbertropfen werden durch Amalgambildung (Stanniolfolien, Zn- oder Messingpulver) beseitigt, aus Ritzen durch Bedekken mit Ca-Polysulfid und viel Schwefel Na oder K langsam in kleinen Stücken zu einem Überschuß i-Propanol (bei K t-Butanol) geben, evtl. Methanol (bei K Ethanol) zur Beschleunigung zusetzen (Vorsicht H_2!), das gebildete Alkoholat wird mit Wasser zersetzt und nach Neutralisation mit viel Wasser in die Kanalisation geleitet; Ca kann wegen seiner abgeschwächten Reaktivität direkt in Wasser gegeben werden, anschließendes Erwärmen auf 60 °C ist erforderlich; eine alternative Vernichtungsmöglichkeit ist die Verbrennung mit Papier/Holz im Freien

* *Rückgewinnung von Metallverbindungen bzw. Metallen:*
Eine ganze Reihe von Elementen und Verbindungen sollte auch im Labor zur Rückgewinnung gesammelt und aufgearbeitet werden, so z. B. Verbindungen (oder die Elemente) des Antimons, Arsens, Bleis, Cadmiums und des Quecksilbers [bei Hg(I)-verbindungen primäre Oxydation zu Hg^{II} erforderlich] durch Ausfällung als Sulfid und Aufarbeitung; Berylliumionen durch Ausfällung als Hydroxid (mit NH_4OH) und Glühen zum BeO; Bariumionen durch Ausfällung als Sulfat; Strontiumionen durch Fällung als Carbonat; Silberionen durch Chloridfällung; Zinn(II)-verbindungen — nach Oxydation zu Sn^{IV} — durch Abscheidung als SnO_2; Thalliumsalze — nach Lösen in HNO_3 — durch Fällung als Tl_2O_3 (mit H_2O_2) oder Tl_2S (mit $(NH_4)_2S$);
Selen- und Tellurverbindungen durch Reduktion zum Element (z. B. mit Na_2SO_3 in saurer Lösung).

Metallionen* (speziell der Schwermetalle und Übergangselemente)	Ausfällung als unlösliche Verbindungen (Carbonate, Hydroxide bzw. Oxide, Sulfide), Aufarbeitung oder Sondermülldeponie
Peroxide	mit reichlich Sand/kalz. Soda (9 : 1) bedecken, gründlich vermischen und mit Plastiklöffel in großes Becherglas mit viel Na_2SO_3-Lösung geben, mit verd. H_2SO_4 neutralisieren und mit viel Wasser verdünnen
Phosphor	gelben Phosphor mit Sand bedecken, anfeuchten und im Freien in einer Eisenwanne ausbreiten, nach Trocknen entzündet sich der Phosphor spontan an der Luft; roter Phosphor wird ebenfalls verbrannt
Phosphorpentoxid, -oxichlorid und -pentachlorid	Einrühren in viel Eiswasser (Vorsicht schleimhautreizende Dämpfe), mit NaOH neutralisieren und mit reichlich Wasser verdünnen (bei großen Mengen sollten die gebildeten Phosphate vor Abgabe an die Kanalisation mittels $FeCl_3$ ausgefällt werden)
Phosphorpentasulfid	in Eisensalzaufschlämmung einrühren, die gebildeten Sulfide und Phosphate deponieren
Schwefel-Chlor-Verbindungen	Chlorsulfonsäure, Thionylchlorid, Sulfurylchlorid, Schwefelchloride werden unter Rühren in Eiswasser getropft, mit NaOH neutralisiert und mit viel Wasser in die Kanalisation gespült (Vorsicht, schleimhautreizende Dämpfe!)
Säuren	mit kalz. Soda/gelöschtem Kalk (1 : 1) bedecken, mit Wasser mischen und verdünnen; auch $NaHCO_3$ kann günstig verwendet werden; im Falle von HF wird bei pH 12 mit Kalkmilch zu CaF_2 immobilisiert (Polyethylenflaschen als Reaktionsgefäße verwenden!); größere Mengen Phosphorsäure mit Eisen- oder Aluminiumsalzen als Phosphat fällen und verbrennen oder deponieren

Tabelle 8
Einfache und rasche Vernichtung wesentlicher organischer Verbindungsklassen im Labor

Verbindung	*verschüttetes Material*	*Laborabfall*
Aldehyde	geringe Mengen mit Zellstoff aufsaugen, verdunsten lassen und den Zellstoff verbrennen; größere Mengen mit $NaHSO_3$ bedecken, mit wenig Wasser vermischen	in Vermiculit aufsaugen oder vermischen oder in einem Lösungsmittel (Ethanol, Aceton, Benzen) verbrennen; Formaldehyd kann auch mit H_2O_2 zur Ameisensäure oxy-

Aldehyde	und in großem Becherglas 1 Std. stehenlassen, mit viel Wasser in die Kanalisation spülen	diert werden, die nach Neutralisation mit viel Wasser verdünnt wird
Alkohole	mit Zellstoff aufsaugen oder mit Papier aufnehmen und verbrennen	für sich oder in einem Lösungsmittel verbrennen; geringe Mengen niedere Alkohole mit viel Wasser in die Kanalisation spülen
Alkylnitrate und -nitrite	können durch Kochen mit 2 N NaOH zu anorganischem Nitrit verseift werden, das mittels Amidosulfonsäure zu N_2 reduziert oder mittels Hypochlorit zu Nitrat oxydiert werden kann; Verbrennung in einem Lösungsmittel (NO_x-Bildung!)	
Amine	aliphatische Amine mit $NaHCO_3$ bedecken, mit wenig Wasser übersprühen und reichlich Wasser in die Kanalisation spülen; Alternative ist für flüssige Amine die Salzbildung mit $NaHSO_4$, die erhaltene feste Masse wird verbrannt; aromatische Amine mit Sand/kalz. Soda (9 : 1) aufsaugen oder bedecken und mit Papier/Holz in offener Grube verbrennen; verschmutzte Stelle mit Seifenlösung säubern	mit Sand/Soda (9 : 1) vermischt und Papier/Holz verbrennen oder in einem Lösungsmittel (Alkohol, Benzen) (NO_x-Bildung!); aliph. Amine können auch mit $NaHSO_4$ vermischt, angefeuchtet und nach Neutralisation mit viel Wasser in die Kanalisation gespült werden
aromatische halogenierte Amine	mit Zellstoff, Vermiculit oder $NaHCO_3$ aufsaugen und in offener Grube mit Papier/Holz verbrennen; verschmutzte Stelle mit Seifenlösung säubern	mit $NaHCO_3$ oder Sand/kalz. Soda (9 : 1) mischen oder in einem Lösungsmittel (Alkohol, Benzen) aufnehmen und verbrennen
Azoverbindungen (nur geringe Mengen, da hochgiftig und explosibel)	mit Zellstoff oder Vermiculit aufsaugen (feste Verbindungen anfeuchten und mit Papier aufnehmen) und verbrennen; oder mit nassem Schwamm aufnehmen, diesen anschließend mit 10%iger Cerammonnitrat-	unter Kühlen mit einem Überschuß Cerammonnitratlösung zu einer Suspension verrühren, mit viel Wasser verdünnen; Diazoalkylverbindungen und Diazoester in Lösung können auch in einer Laborapparatur mit 2 N HCl

	oder 20%iger Natriumnitritlösung entgiften	versetzt werden, wobei sich das korrespondierende organische Halogenid und N_2 bilden (gasometrische Verfolgung), das Halid kann verbrannt werden, die wäßrige Phase wird mit NaOH neutralisiert und mit Wasser verdünnt; Diazomethan kann auch durch Veresterung entgiftet werden, indem man unter Kühlen eine Carbonsäure in CH_2Cl_2 zutropft und die N_2-Bildung gasometrisch verfolgt
Carbonsäuren unsubstituiert	mit kalz. Soda oder $NaHCO_3$ bedecken, mit wenig Wasser besprühen und den Brei in ein Becherglas mit Wasser geben, neutralisieren und und verdünnen; verschmutzte Stelle mit Sodalösung säubern	mit Lösungsmittel vermischt (feste Säuren auch mit Papier/Holz) verbrennen; geringe Mengen niederer aliph. Carbonsäuren (Ameisensäure, Essigsäure) mit Soda neutralisieren und verdünnen
substituiert	mit großer Menge $NaHCO_3$ vermischen und in einem Faß (bei geringeren Mengen großes Becherglas) mit sehr großem Wasserüberschuß 24 Std. stehenlassen; alternative Möglichkeit ist die Verbrennung in einem Lösungsmittel	
Carbonsäureamide	mit Zellstoff aufsaugen, mit Alkohol vermischt verbrennen	
Carbonsäurechloride und -anhydride	mit Soda oder $NaHCO_3$ aufsaugen und mit Wasser verdünnen, 1 Std. stehenlassen	unter gutem Rühren in NaOH eintropfen, eindampfen und Rückstand verbrennen
Carbonsäureester	siehe Alkohole	
Chinone	siehe Alkohole	
Chlorhydrine	mit kalz. Soda aufsaugen, mit Wasser besprühen und in großem Becherglas in reichlich Wasser 2 Std. stehenlassen, anschließend neutralisieren und verschmutzte	mit kalz. Soda vermischt in reichlich Wasser geben und nach mehreren Std. neutralisieren, mit viel Wasser in die Kanalisation spülen; Ethylenchlorhydrin wird mit

Chlorhydrine	Stelle mit Seifenlösung säubern	$NaHCO_3$ zu Glykol verseift, Epichlorhydrin mit verd. NaOH zu Glycerol; alternative Möglichkeit ist die Verbrennung, gemischt mit Vermiculit oder Lösungsmittel
Epoxide, Ether (aliph. und cyclisch)	mit Zellstoff aufsaugen, unter dem Abzug verdunsten lassen und Zellstoff verbrennen	in Butanol oder Benzen gelöst verbrennen; besteht der Verdacht, daß der Ether Peroxide enthält, wird die gesicherte mit Holzwolle umpolsterte Flasche an gesicherter Stelle aus angemessener Entfernung zerstört und mittels Lunte gezündet
Halogenkohlenwasserstoffe	mit Zellstoff oder Vermiculit (auch Kieselgur o. ä.) aufnehmen und mit Papier/Holz oder in einem Lösungsmittel verbrennen	mit Sand/kalz. Soda (9 : 1) oder $NaHCO_3$ mischen (im Falle von Fluorverbindungen noch gelöschten Kalk zusetzen) und mit Papier/Holz oder in einem Lösungsmittel (nicht mehr als 25%ige Lösungen) verbrennen (mögliche Phosgenbildung, z. B. bei Dichlorethan, Tetrachlorethan, Tetrachlorethylen, beachten!); bei größeren Mengen sollte auf jeden Fall destillative Rückgewinnung erfolgen; einfache Verbindungen wie CH_3Br können auch in der Wärme mit alkohol. KOH verseift werden; hochreaktive Verbindungen wie Benzotrichlorid werden vorsichtig mit Wasser zersetzt, neutralisiert und eingedampft, der Rückstand wird in Lösungsmittel verbrannt; Trichlorethylen wird zur Rückgewinnung mit Soda oder

		$Ca(OH)_2$ (nicht KOH, NaOH oder Branntkalk, da Explosionsgefahr durch Chloracetylenbildung) neutralisiert und anschließend der Wasserdampfdestillation unterworfen (Blasentemp. 105 °C). Kleine Mengen PSM wie DDT oder Lindan werden unter Beachtung der ABAO 108 vergraben.
Isocyanate, Diisocyanate (PUR-Rohstoffe)	günstigste Vernichtungsmöglichkeit ist die Verbrennung mit Vermiculit; die Umsetzung mit primären und sekundären Aminen führt zu Harnstoffen; für Diisocyanate wird auch die 2-stündige Einwirkung der 20fachen Menge einer Mischung aus 50 T Ethanol, 42,5 T Wasser und 7,5 T konz. Ammoniak und anschließende Verbrennung empfohlen; auch Polymerisation mit Polyolen und Deponierung ist möglich.	
Ketone	siehe Alkohole	
Kohlenwasserstoffe	mit Zellstoff aufsaugen bzw. mit Papier aufnehmen u. verbrennen	im Gemisch mit brennbarem Lösungsmittel (bei flüssigen Kw meist nicht erforderlich) oder Vermiculit verbrennen
Mercaptane, (Thiole)	mit wäßriger bis zu 15%iger $Ca(OCl)_2$-Lösung (oder NaOCl-Lösung) übergießen, Überschuß mit Nitritpapier feststellen, in einem großen Becherglas unter dem Abzug 12 Std. stehenlassen, wenn nötig neutralisieren und mit viel Wasser in die Kanalisation spülen; verschmutzte Stelle mit Seifenlösung unter Zusatz von Hypochlorit säubern	
Metallorganika und Metallalkoxide	kleine Mengen mit viel trockener kalz. Soda bedecken, mischen und langsam in Butanol geben, nach 24 Std. mit viel Wasser verdünnen	mit trockener kalz. Soda vermischt in Eisenwanne mit Papier, Holz verbrennen oder trockenen Dampf auf die in der Eisenwanne ausgebreiteten Abfälle leiten (Spritzgefahr)
	Li-organische Verbindungen können in Dioxan aufgenommen, langsam mit Ethanol versetzt werden, bis keine Wasserstoffentwicklung mehr zu beobachten ist, anschließend wird mit Wasser verdünnt und verdünnte Säure zugegeben bis die Lösung klar ist;	

	Hg-organische Verbindungen werden durch konz. HNO_3 in das Nitrat überführt, aus dem nach Verdünnen das Hg als Sulfid gefällt wird; Al-Alkyle werden am besten in Paraffinöl gelöst (bis zu 10%ige Lösungen) verbrannt; Pb-tetraethyl wird durch konz. H_2SO_4 zerstört; behaftete Geräte werden mit einem Gemisch aus Petroleum und Sulfurylchlorid gereinigt, geeignet sind auch noch Chlorkalk/Wasser (1 : 1) und wäßriges $KMnO_4$ (20 : 1)	
Nitrile	reichlich NaOH und $Ca(OCl)_2$-Lösung zugeben und in einem Becherglas 1 Std. stehenlassen, mit viel Wasser verdünnen; verschmutzte Stelle mit Seifenlösung unter Zugabe von etwas Hypochlorit säubern	in reichlich alkohol. NaOH geben, nach 1 Std. Alkohol verdunsten lassen und $Ca(OCl)_2$-Lösung im Überschuß zugeben, nach 24 Std. mit viel Wasser in die Kanalisation spülen; Alternative ist die Verbrennung in einem Lösungsmittel; Acrylnitril kann nach ordnungsgemäßer Polymerisation auch deponiert werden
Nitroparaffine	mit kalz. Soda abdecken und mit wenig Wasser besprühen, in Eimer 2 Std. stehenlassen, neutralisieren und mit viel Wasser verdünnen; oder mit $NaHCO_3$ vermischt und Papier/Holz in offener Grube verbrennen	mit kalz. Soda vermischt in großen Überschuß Wasser geben und nach einigen Std. neutralisieren; alternative Möglichkeit ist die Verbrennung mit Sand/kalz. Soda (9 : 1) Papier/Holz oder in einem Lösungsmittel; Nitroglycerin kann auch mit wäßrigem Na_2S zersetzt werden
Nitro- und Nitrosoverbindungen	mit $NaHCO_3$ aufsaugen oder vermischen und mit einem Lösungsmittel verbrennen (Vorsicht, höhernitrierte Verbindungen neigen zu Verpuffung und Explosion); relativ aufwendig ist die Vernichtung über Hydroxamsäuren (Zugabe von konz. HCl), die weiter zu den Carbonsäuren abgebaut werden; Nitrocellulose und Kollodium werden in dünner Schicht auf einer Eisenwanne ausgebreitet (max. 5 cm) mit Papier/Holz oder Alkohol verbrannt (Zündung mit Lunte); kleinere Mengen (bis 250 cm³) können auch in einen großen rostfreien Stahlbehälter (2—3 l) gegeben werden, der sich in einer feuerfesten Wanne befindet, eine gleichgroße Menge 10%ige Ätzkalilösung	

Nitro- und Nitrosoverbindungen	wird zugegeben (exotherm), nach 20 Min. ist der größte Teil der Nitrocellulose zerstört, nach 1 Std. wird mit sehr viel Wasser verdünnt	
Peroxide und Persäuren	mit Vermiculit aufsaugen oder vermischen und mit Plastiklöffel in Eisenwanne oder Erdgrube ausbreiten und mittels Lunte zünden, verwendete Geräte mit 30%iger $FeSO_4$-Lösung spülen; alternative Möglichkeit (bes. für Persäuren) ist die Reduktion in saurer Lösung (z. B. mittels $FeSO_4$, $NaHSO_3$ oder Na_2SO_3)	nach Vermischen mit Vermiculit wird mit 10%iger NaOH angefeuchtet und das Gemisch verbrannt; auch Reduktion in saurer Lösung ist praktikabel
Phenole	siehe Alkohole	
Phosphor- und Phosphonsäurederivate	mit Zellstoff aufsaugen oder mit Papier aufnehmen und mit einem Lösungsmittel verbrennen	mit gleichen Teilen Sand und gepulvertem Kalk mischen, mit Alkohol oder Benzen befeuchtet verbrennen; Alternative ist die alkalische Hydrolyse (30 Min. Kochen) [Ausnahme: Diazinon sauer], anschließend wird eingedampf und der Rückstand verbrannt (Vorsicht, bei halogen- und cyanhaltigen PSM sind toxische Dämpfe möglich)
Schwefelkohlenstoff	mit Zellstoff aufsaugen, im Freien verdunsten lassen, Zellstoff verbrennen	in Vermiculit aufgesaugt oder mit Wasser bedeckt ins Freie bringen, aus sicherer Entfernung mit Lunte zünden
Schwefelsäureester (z. B. Dimethylsulfat)	zu verdünnter Lauge tropfen, mit HCl neutralisieren und mit viel Wasser in die Kanalisation spülen	
Stickstoffheterocyclen	werden aufgenommen und in einem Lösungsmittel (Alkohol, Benzen verbrannt	
Sulfonsäuren	Aufnahme in Vermiculit, Verbrennung mit Papier/Holz oder in einem Lösungsmittel	
Thioether (Sulfide)	mit wäßriger bis zu 15%iger $Ca(OCl)_2$-Lösung (oder NaOCl-Lösung) übergießen, Überschuß mit Nitritpapier feststellen, in	

einem großen Becherglas unter dem Abzug 12 Std. stehenlassen, wenn nötig neutralisieren und mit viel Wasser in die Kanalisation spülen; verschmutzte Stellen mit Seifenlösung unter Zusatz von Hypochlorit säubern

---

Besteht keine Möglichkeit, die angegebene Verbrennung in technischen Verbrennungsaggregaten mit nachgeschalteter Rauchgasreinigung zu realisieren, sollten die Abfälle in kleinen Portionen in einer Eisenwanne oder einer offenen Erdgrube im Freien unter Beachtung aller Sicherheitsvorschriften an abgelegenen Orten vorgenommen werden; die Zündung muß immer mittels Lunte (z. B. Holzwollstrang) erfolgen.

Tabelle 9
Rasche Vernichtung wichtiger toxischer Laborgase und Dämpfe

toxisches Gas	*Vernichtung*
Antimonwasserstoff	Einleiten in Hypohalogenitlösung
Arsenwasserstoff	Einleiten in Hypohalogenitlösung; oder in wäßriger $AgNO_3$-Lösung oder KOH zu As_2O_3 lösen und als solches weiterbehandeln
Bromwasserstoff	Einleiten in 15%ige NaOH
Chlor	Einleiten in verd. Lauge und Entfernung des entstehenden Hypochlorits mittels $Na_2S_2O_3$-Lösung
Chlorwasserstoff	Einleiten in 15%ige NaOH
Chlorcyan	Einleiten in 15%ige NaOH
Cyanwasserstoff	Einleiten in verd. NaOH, Oxydation des gebildeten Cyanids mit $Ca(OCl)_2$-Lösung, mit viel Wasser verdünnen
Diboran	Einleiten in Wasser führt zu Borsäure und H_2(!); mit Alkalien bildet sich Hypoborat, das sich beim Ansäuern zersetzt
Ethylenoxid	in der Kälte in verd. HCl einleiten (Bildung von Glykol)
Fluor	Durchleiten durch einen mit $NaHCO_3$ oder Natronkalk gefüllten Gasreiniger
Fluorwasserstoff	Einleiten in Kalkmilch bei pH 12 (Verwendung von Polyethylenflaschen)
Formaldehydgas	in Ethanol einleiten und Lösung verbrennen
Kohlenmonoxid	Einleiten in einen mit einem Gemisch aus Aktivkohle und Hopkalit gefüllten Gasreiniger
Kohlenwasserstoffe	unter den nötigen Sicherheitsvorkehrungen verbrennen
Lösungsmitteldämpfe	Adsorption an Aktivkohle o. Kondensation
oxydierende Gase	Einleiten in Na_2SO_3- oder $Na_2S_2O_3$-Lösungen
Phosgen	Einleiten in 15%ige NaOH oder eine Aktivkohleaufschlämmung

Phosphorwasserstoff	Einleiten in Hypohalogenitlösung oder $AgNO_3$-Lösung
Quecksilberdämpfe	Adsorption an jodbeladener Aktivkohle
reduzierende Gase	Einleiten in $Ca(OCl)_2$-Lösung
Schwefeldioxid	Einleiten in 15%ige NaOH
Schwefeltrioxid	Einleiten in konz. H_2SO_4 und Eintropfen des gebildeten Oleums in Eiswasser, Neutralisation mit NaOH
Schwefelwasserstoff	Einleiten in Eisenhydroxidaufschlämmung
Selenwasserstoff	Einleiten in 15%ige KOH und anschließende Reduktion zum Element
Siliciumwasserstoff (Monosilan)	Einleiten in Hypohalogenitlösung
Tellurwasserstoff	Einleiten in 15%ige KOH und anschließende Reduktion zum Element

Tabelle 10
Wesentliche gesetzliche Vorschriften zum Umgang mit Giften und ihrer schadlosen Beseitigung

Gesetz über den Verkehr mit Giften — Giftgesetz vom 7. 4. 77; GBl. I, Nr. 10 (1977)

Erste Durchführungsbestimmung zur Sechsten Durchführungsverordnung zum Landeskulturgesetz — Reinhaltung der Luft; GBl. I, Nr. 18 (1973)

Erste bis Dritte Durchführungsbestimmung zum Giftgesetz vom 31. 5. 77; GBl. I, verordnung vom 15. 12. 77; GBl. I, Nr. 3 (1978)

Zweite Durchführungsbestimmung zur Sechsten Durchführungsverordnung zum Landeskulturgesetz — Schadlose Beseitigung toxischer Abprodukte und anderer Schadstoffe vom 21. 4. 77; GBl. I, Nr. 15 (1977)

Verordnung über den Umgang mit Wasserschadstoffen — Wasserschadstoffverordnung vom 15. 12. 1977; GBL. I, Nr. 3 (1978), Nr. 21 (1977)

Kurt Kutzschbauch

Ökonomische Aspekte abproduktearmer Technologien und der verstärkten Nutzung von Sekundärrohstoffen

1. Zur Stellung der Deponie oder Verwertung toxischer Abfälle im Rahmen der Abproduktebeseitigung und Sekundärrohstoffnutzung

Die Deponie oder Verwertung toxischer Abfälle, die Gegenstand der heutigen Sitzung sind, betrachte ich lediglich als einen Spezialfall der Beseitigung von Abprodukten oder der produktiven Wiederverwendung ihrer stofflichen Substanzen im allgemeinen. Deshalb beschränke ich mich nicht auf die toxischen Schadstoffe, sondern möchte versuchen, einige generelle ökonomische Aspekte der Entwicklung und Einführung abproduktearmer Technologien und der verstärkten Nutzung von Produktions-, Zirkulations- und Konsumtionsabfällen als Sekundärrohstoffe zu begründen. Um dabei einzelne ökonomische Zusammenhänge, die z. B. zwischen rationeller Stoffnutzung und Arbeitsproduktivität oder zwischen Stoff- und Ressourcenökonomie bestehen, verständlicher zu machen, sollen sie an graphischen Darstellungen illustriert werden.

Die Beseitigung der Abfälle ist eine Frage, die eng mit der Entwicklung der menschlichen Gesellschaft verbunden ist und die mit der Zunahme der Produktivkraft der gesellschaftlichen Arbeit sowie der Bevölkerung einschließlich ihrer Konzentration ständig an Gewicht gewonnen hat. Mit der sprunghaften Entfaltung der Produktivkraft im Zuge der wissenschaftlich-technischen Revolution und der dadurch bedingten erweiterten Stoffgewinnung und -umwandlung sowie des wachsenden Einsatzes von Arbeitsmitteln und des Verbrauchs von Konsumgütern ist in Verbindung mit zunehmender Arbeitsteilung, der Unterbrechung von Stoff-Kreisläufen sowie der Erschöpfung natürlicher Abbaupotentiale die Entstehung und vor allem die Beseitigung der „Exkremente der Produktion und Konsumtion"[1] — wie Karl Marx die Abfälle bezeichnete — zu einem ernsten Problem geworden. Es ist in quantitativer, aber mehr noch in qualitativer Hinsicht ein ernstes Problem, denn mit der zunehmenden Herstellung und Verwendung naturfremder Stoffverbindungen und radioaktiver Substanzen ist — wie Novik[2] es ausdrückte — eine „antibiogene Komponente" in die Produktions- und Konsumtionsprozesse gelangt, die — unter Berücksichtigung von Beschaffenheit, Dosis, möglicher Summationseffekte, Expositionszeit usw. — die Gesundheit des Menschen sowie die Leistungsfähigkeit der natürlichen Potentiale schädigen und damit die beiden Quellen des gesellschaftlichen Reichtums — die Arbeit und die Natur — beeinträchtigen kann. Ökonomisch äußert sich das in Produktivitäts- und Produktionseinbußen. Andererseits erfordert die schadlose Beseitigung toxischer Schadstoffe — 160 kg je 1 t chemischer Erzeugnisse sollen nach Schätzungen anfallen[3] — die höchsten Aufwendungen, was sich ökonomisch in Effektivitätsminderungen niederschlägt. Aus diesen Gründen nimmt die Beseitigung der toxischen Schadstoffe im Rahmen der Abproduktebeseitigung bzw. Sekundärrohstoffnutzung den höchsten Stellenwert ein.

Wie Überprüfungen im vergangenen Jahr in etwa 2500 Betrieben der DDR ergaben, bestehen bei der schadlosen Beseitigung toxischer Abfälle noch Mängel, und es mußten entsprechende Auflagen ausgesprochen werden. Vor allem gilt es, Aufbereitungs- und Rückgewinnungsverfahren zu entwickeln — das verdeutlicht auch die als Anlage I beigefügte Übersicht über die Arten industrieller Abprodukte Berliner Betriebe —, um die teils sehr wertvollen Stoffkomponenten in wirtschaftlichen Stoffkreisläufen zu rezirkulieren, um sie produktiv nutzen zu können oder toxische Schadstoffe zumindest zu neutralisieren.

Mit den sozialistischen Produktionsverhältnissen sind in der DDR die Möglichkeiten gegeben — und mit der ständigen Steigerung der Arbeitsproduktivität und dem weiteren Ausbau der materiell-technischen Basis werden die Bedingungen geschaffen, die Möglichkeiten immer mehr zu realisieren —, all die Probleme zu lösen, die aus dem wachsenden Anfall von Produktions-, Zirkulations- und Konsumtionsexkrementen resultieren. Der Entwicklungsstand der Produktivkräfte und die gesellschaftlichen Verhältnisse ermöglichen und erfordern, den Stoffwechsel zwischen der Gesellschaft und ihrer natürlichen Umwelt zu intensivieren, ihn gesellschaftlich zu kontrollieren und ihn — wie *Karl Marx* es formulierte — „... mit dem geringsten Kraftaufwand und unter den, ihrer menschlichen Natur würdigsten und adäquatesten Bedingungen"[4] zu bewerkstelligen.

2. *Die wachsende ökonomische Bedeutung der Abprodukte als einheimische Stoffressource*

Seit Jahren wird auf Beratungen der Partei- und Staatsführung sowie von führenden Wissenschaftlern wiederholt und mit Nachdruck auf die Notwendigkeit der intensiveren Stoff- und Energieausnutzung sowie die verstärkte Verwendung von Sekundärrohstoffen hingewiesen. So erklärte — um einen zeitlichen Bogen zu spannen — z. B. bereits 1970 Willi Stoph auf der 14. Tagung des ZK der SED: „Die Sekundärrohstoffe, die vielfach bei uns unterschätzt und darum nicht der Verwendung zugeführt werden, sind kein minderwertiger Ersatz, sondern vollwertige Rohstoffe. Ihre Nutzung ist ein dringendes Erfordernis der sozialistischen Planwirtschaft."[5]

In einer zusammenfassenden Vorausschau auf das Jahr 2000 wies Prof. Dr. Steenbeck u. a. auf die wachsende Bedeutung der Wiederverwendung von Abfällen hin. Zugleich forderte er ein Umdenken, oder — bezogen auf den Stoffwechsel zwischen der Gesellschaft und ihrer natürlichen Umwelt — allgemeiner formuliert: eine stoff- und energiewirtschaftliche Umorientierung[6] und ein neues, d. h. konstruktives und reproduktives Verhalten zur Natur. Sowjetische Wissenschaftler — das sei hier ergänzend eingefügt — sprechen davon, daß die Beziehungen der Gesellschaft zur natürlichen Umwelt „... radikal von der Konsumbeziehung auf eine konstruktive Beziehung umgestellt"[7] werden müssen. Prof. STEENBECK schrieb: „Besonders auf dem Gebiet der Rohstoffausnutzung werden sich heute noch verbreitete Vorstellungen ändern. Sowohl Kohle, Erdöl als auch Erze und sonstige mineralische Rohstoffe werden nicht mehr lediglich nach dem Gesichtspunkt momentaner Rentabilität gewonnen oder auch vergeudet werden; sonst handelten wir kurzsichtig hinsichtlich der Möglichkeiten für die Zukunft. Eine Wiederverwendung von Altstoffen wird — so unmodern gerade das heute (Dezember 1966, Ku) manchem klingen mag — selbst dann eine wesentliche Rolle spielen, wenn es sich unmittelbar und rein finanziell gesehen wenig rentieren sollte."[8]

Im Bericht des Zentralkomitees der SED an den IX. Parteitag bekräftigte ERICH HONECKER, daß das wirtschaftliche Wachstum der DDR in entscheidendem Maße von der Erschließung der eigenen Energie- und Rohstoffressourcen getragen werden muß. Zugleich wurde in dem Bericht die ökonomische Bedeutung der Abfälle als einheimische Stoffressource charakterisiert.

In den Direktiven des IX. Parteitages zum Fünfjahrplan 1976 bis 1980 wurden die konkreten Ziele zur höheren Stoff- und Energieausnutzung und damit abprodukteärmeren Produktion sowie zur weiteren Erschließung der Abfälle als einheimische Stoffressource fixiert. Danach ist der Verbrauch wichtiger Energieträger, Rohstoffe und Materialien je Einheit industrielle Warenproduktion jährlich um durchschnittlich 3% zu senken, und der Nutzungsgrad der bilanzierten Sekundärrohstoffe ist von 24 auf 30% zu erhöhen.[9] Das bedeutet, daß 1980 planmäßig rd. 5 bis 6 Mio t Sekundärrohstoffe mit einem Wert von 400 bis 600 Mio M mehr als 1975 genutzt werden.[10]

Schließlich hat auf der ZK-Tagung im Dezember 1978 ERICH HONECKER in seinem Schlußwort auf die sparsame Rohstoffverwendung sowie auf den außerordentlichen Rang hingewiesen, der dem Ausbau der materiell-technischen Basis, insbesondere der eigenen Energie- und Rohstoffbasis in der Zukunft zukommt.[11] Eine logische Konsequenz ist es daher, daß die Probleme der verstärkten Nutzung einheimischer Rohstoffe einschließlich der Sekundärrohstoffe an unserer Akademie zu einem der wichtigsten Forschungsschwerpunkte zur Beschleunigung des wissenschaftlich-technischen Forschritts zählen, wie der Vizepräsident, Prof. HOFMANN in einem erst kürzlich publizierten Beitrag begründete.[12]

Die Rationalisierung des Stoff- und Energieaustauschprozesses — eines wechselseitigen Flusses stofflicher Substanzen und Energien aus der Natur in die wirtschaftlichen Prozesse und wieder zurück in die natürliche Umwelt — entsprechend den gesellschaftlichen Bedürfnissen der entwickelten sozialistischen Gesellschaft ist eine objektive Notwendigkeit und muß Bestandteil der Leitung und Planung in allen Zweigen und auf allen Ebenen der Volkswirtschaft sein.

3. *Die ökonomische Notwendigkeit der Entwicklung und Einführung stoffwirtschaftlich effektiverer Technologien*

Die Hauptwege zur Intensivierung der stoff- und energiewirtschaftlichen Produktionsprozesse bestehen vorrangig darin,

- abprodukteärmere Technologien sowie
- technologische Lösungen zur produktiven Wiederverwendung von Produktions- und Konsumtionsexkrementen

zu entwickeln und in die Produktion einzuführen.

In der gegenwärtigen Phase der wissenschaftlich-technischen Revolution sind mit der Entwicklung der Produktivkräfte die Voraussetzungen für die intensivere Stoff- und Energienutzung gegeben. Eine besondere Rolle spielt dabei die Technologie, d. h. die Wissenschaft von der Produktion, deren Ziel es ist, den Produktionsprozeß effektiver zu gestalten.[13]

Die technologische Verkettung der Elemente des Produktionsprozesses hat mit der Entfaltung der Produktivkräfte zunehmende Bedeutung erhalten. Die von den Menschen entwickelte Technologie charakterisiert das Wesen ihrer Beziehungen zur Natur. Sie kennzeichnet die Art und Weise, wie der Mensch den Stoff- und Energieaustausch, d. h. die Bewegung der Stoffe und Energien aus der Natur in die Prozesse der Produktion und Konsumtion und wieder zurück in die natürliche Umwelt bewerkstelligt. „Die Technologie enthüllt" — nach Marx — „das aktive Verhalten des Menschen zur Natur, den unmittelbaren Produktionsprozeß seines Lebens, damit auch seiner gesellschaftlichen Lebensverhältnisse und der ihnen entquellenden geistigen Vorstellungen".[14]

Die ökonomische Notwendigkeit der Entwicklung und Einführung abprodukteärmerer — statt abproduktefreier[15] Technologien sollte besser von stoff- und energiewirtschaftlich effektiveren — Technologien sowie von technologischen Lösungen zur Sammlung und Aufbereitung von Abprodukten und ihrer Wiederverwendung als Sekundärrohstoffe resultiert für die DDR vor allem aus folgenden Bedingungen:

a) Der begrenzten natürlichen Ausstattung der DDR mit stofflichen und energetischen Naturreichtümern und der bereits hochgradigen Beanspruchung der einheimischen Rohstoffbasis. International betrachtet zählt die DDR zu den Ländern mit dem höchsten Bergbauprodukt je Flächeneinheit.

b) Den wachsenden Reproduktionsaufwendungen aufgrund der abnehmenden Naturgunst sowie der stark steigenden Abproduktemengen und der damit verbundenen Umweltbelastung. Das zeigt sich z. B. in der Zunahme der Such- und Erkundungsaufwendungen, in der Verschlechterung der Abbaubedingungen z. B. für unseren Hauptenergieträger Kohle,[16] in Maßnahmen zur Gestaltung und zum Schutz der natürlichen Umwelt, speziell in den wachsenden Aufwendungen zur Beseitigung toxischer Schadstoffe.

c) Den steigenden Rohstoffpreisen auf den kapitalistischen Hauptmärkten und der Verschiebung der Preisrelation von Rohstoffen und Fertigerzeugnissen zugunsten der Rohstoffe.

Diese Bedingungen[17] beeinträchtigen die Entwicklung der gesellschaftlichen Arbeitsproduktivität und begründen daher die ökonomische Notwendigkeit, die Stoffe und Energien intensiver auszunutzen und die stofflichen Substanzen der Abprodukte verstärkt wiederzuverwenden. Sie erweitern zugleich die ökonomischen Grenzen für die Entwicklung und Einführung abprodukteärmerer Technologien sowie von Verfahren zum verstärkten Einsatz von Sekundärrohstoffen und beschleunigen deren praktische Anwendung. Damit wirken sie der Umweltverschmutzung entgegen.

Wichtige ökonomische Grundlagen für eine intensivere Stoff- und Energienutzung hat bereits Karl Marx entwickelt, der zwischen einer

- Ökonomie der Wiederverwendung von Produktions- und Konsumtionsexkrementen und einer
- Ökonomie bei der Erzeugung von Abfall, also der „Reduktion der Produktionsexkremente auf ihr Minimum, und die unmittelbare Vernutzung, bis zum Maximum, aller in die Produktion eingehenden Roh- und Hilfsstoffe“[18]

unterschied.

Er wies bereits darauf hin, daß die effektive Nutzung von Abprodukten von

- der Massenhaftigkeit ihres Anfalls,
- den Fortschritten der Wissenschaft, insbesondere der Chemie sowie
- der Verbesserung der Maschinerie gefördert wird.

Diese Voraussetzungen sowie entsprechende gesellschaftliche Bedingungen für eine verstärkte Nutzung sind in der DDR gegeben.

4. Zu den Beziehungen zwischen dem Formwandel der Naturstoffe zu Gebrauchswerten, Produktionsexkrementen und Arbeitsproduktivität

Der Stoffwechsel zwischen der Gesellschaft und ihrer natürlichen Umwelt vollzieht sich über die verschiedenen Stufen der Produktion, d. h. des Formwandels der Naturstoffe zu Gebrauchswerten entsprechend den gesellschaftlichen Bedürfnissen und weiter über die Konsumtion. Er findet seinen Abschluß in rezirkulativen Prozessen, durch die alle stofflichen Substanzen, die in den Prozessen der Produktion, Zirkulation oder Konsumtion ihren Gebrauchswert eingebüßt haben und denen beim gegenwärtigen Entwicklungsstand der Produktivkräfte keine Gebrauchseigenschaften gegeben werden können, aus dem volkswirtschaftlichen Reproduktionsprozeß in die natürliche Umwelt ausgeschieden sowie in die natürlichen Stoffkreisläufe wieder eingegliedert, kurz: ökologisch rezirkuliert werden.

Zunächst zur *Produktion:* Über mannigfaltige Stufen werden die Naturstoffe durch Arbeit unter Ausnutzung von Naturkräften zu Gebrauchswerten entsprechend den gesellschaftlichen Bedürfnissen geformt. Die Arbeit ist das „lebendige, gestaltende Feuer“, das dem jeweiligen Stoff von Stufe zu Stufe eine nützlichere Form gibt.[19]

Der Mensch kann weder Naturstoffe neu bilden noch vernichten — das drückt sich in den allgemeinen Erhaltungsgesetzen von Masse und Energie aus — sondern in den Prozessen der Produktion wie auch der Konsumtion nur die Formen der Stoffe ändern.[20]

Bei den vielfältigen Prozessen des Formwandels von Naturstoffen zu konsumtionsfähigen Endprodukten erhält die stoffliche Substanz oder Energie von Stufe zu Stufe einen höheren Gebrauchswert, bis sie schließlich eine Form erhalten hat, in der die weitere Formänderung im Gebrauch des Produkts besteht. Der Gebrauchswert der jeweiligen Stufe muß dem der höheren Stufe weichen. Durch die Arbeit auf einer höheren Verarbeitungs- oder Veredelungsstufe wird der Arbeitsaufwand der vorangegangenen Stufen erhalten und auf die neuen Gebrauchswerte übertragen. Daher wird zugleich der stofflichen Substanz oder der Energie, die Träger des Gebrauchswertes und des Wertes sind, weitere gesellschaftliche Arbeit hinzugefügt.

Bei all diesen Stoffänderungsprozessen wird im allgemeinen ein immer geringeres Quantum der Ausgangsstoffe zum Träger des Gebrauchswertes und des Wertes.

Ein anderer Teil kann — das ist objektiv bedingt — vorrangig aus zwei Gründen für den bestimmten Hauptzweck bzw. für die bestimmten Zwecke nicht Träger von Gebrauchswert und Wert werden, sondern wird zu Nicht-Gebrauchswerten, d. h. zu Abprodukten.

- Einmal liegt es begründet in der naturgegebenen Beschaffenheit, insbesondere der Zusammensetzung der Rohstoffe und Energieträger.
- Zum anderen wird es durch die physikalischen, chemischen und biologischen Gesetzmäßigkeiten bedingt, die der jeweiligen Technologie zugrunde liegen.

Diese stofflichen Substanzen und Energien stellen eine große volkswirtschaftliche Reserve dar, deren Erschließung sowohl produktionserweiternd als auch produktivitätssteigernd wirken kann. Sofern ihnen in einem weiteren Arbeitsprozeß z. B. durch zweckdienliche Aufbereitung Gebrauchseigenschaften verliehen werden und sie als Sekundärrohstoffe dienen, werden sie zu Nebenprodukten. Damit wird aus der gleichen Masse an Ausgangsstoffen eine größere Anzahl von Gebrauchswerten hergestellt, und mehr Bedürfnisse werden befriedigt. Mit der weiteren Ausnutzung der gesellschaftlichen Arbeit, die auf den Vorstufen aufgewendet wurde, sowie durch die Einsparung von Ausgaben für die Abproduktebeseitigung wird zur Steigerung der Arbeitsproduktivität beigetragen.

5. *Erzeugnisqualität und Formgestaltung als Faktoren rationellerer Stoff- und Energienutzung*

Die Rationalisierung des Stoffwechsels zwischen der Gesellschaft und ihrer natürlichen Umwelt durch abprodukteärmere Prozesse und Rezirkulationstechnologien ist weitgehend erkannt. Gleiche Effekte werden aber auch durch eine Erhöhung der Qualität der Erzeugnisse und damit ihre längere effektive Nutzungsdauer in Produktion oder Konsumtion sowie durch funktions- und stofferhaltende Maßnahmen wie planmäßige Instandhaltung und sachgemäße Lagerung erreicht. Es verschiebt sich zeitlich

a) ihr Ersatz und damit der Entzug neuer Naturstoffe und die Gewinnung von Energie und

b) der Anfall von Abprodukten, und damit mindert sich die Umweltbelastung.

In entsprechendem Maße wird gesellschaftliche Arbeit eingespart.

Die Verlängerung der Nutzungsdauer, insbesondere der Produktionsmittel, darf aber nicht allein vom Standpunkt der Beanspruchung der natürlichen Ressourcen beurteilt werden, sie muß auch im Zusammenhang mit dem moralischen Verschleiß gesehen werden. Die Vorteile des wissenschaftlich-technischen Fortschritts müssen ausgenutzt werden. Die Lösung liegt in hoher Auslastung der Produktionsmittel.

Bei den industriellen Konsumgütern wird der moralische Verschleiß nicht nur durch den wissenschaftlich-technischen Fortschritt, sondern häufig auch noch durch den modischen Wechsel bedingt. Er wirkt in Richtung eines Ersatzes von Gebrauchswerten, weit bevor sie physisch verschlissen sind. Damit wird die natürliche Umwelt sowohl durch Entzug neuer Naturstoffe als auch durch Abprodukte zusätzlich beansprucht. Modischer Wechsel, der auch in Beziehung zu dem Einkommen der Werktätigen steht, ist ein gesellschaftliches Bedürfnis, und deshalb gilt es, nach Wegen zu suchen, die daraus resultierenden stoffwirtschaftlichen Probleme zu lösen. Einmal können die Verluste an Naturstoffen weitgehend reduziert werden, wenn die stoffliche Substanz der jeweiligen Gebrauchsgüter produktiv rezirkuliert wird. Dazu ist es notwendig, die erforderlichen materiell-technischen Bedingungen zu schaffen. Auf diesem Wege werden aber nur die Stoffverluste, nicht die Verluste an gesellschaftlicher Arbeit eingeschränkt, die für Stoffgewinnung und -umwandlung sowie für Gestalt- und Funktionsgebung (Montage) in diese industriellen Konsumgüter eingegangen ist. Deshalb ist ein zweiter Weg volkswirtschaftlich viel bedeutsamer: die Erhöhung der gestalterischen Qualität der Erzeugnisse. In diesem Zusammenhang gewinnt die Arbeit der Formgestalter wachsende Bedeutung.

Unter kapitalistischen Produktionsverhältnissen dient die Form häufig dazu, den moralischen Verschleiß zu beschleunigen. Mit scheinbar neuen Produkten — sie sind vor allem der Form nach neu, nicht ihrer Funktion und Wirksamkeit nach — werden ständig Umsätze und damit Profit gesichert. Verbunden damit ist eine Verschwendung von Naturstoffen und die Belastung der natürlichen Umwelt. Einem typisch bürgerlichen bzw. kleinbürgerlichen Denken und Handeln entspricht der Erwerb dieser der äußeren Form nach neuen Produkte, die oftmals als Statussymbol dienen. Daraus folgt aber keineswegs, daß unter sozialistischen Produktionsverhältnissen die Form der Erzeugnisse bedeutungslos ist. Im Gegenteil, die Formgestaltung erhielt einen neuen gesellschaftlichen Inhalt. Sie ist darauf gerichtet, dem jeweiligen Produkt eine Form zu geben, die seiner Funktion dient, den kulturell-ästhetischen Ansprüchen der Menschen gerecht wird, und die auch dazu beiträgt, die schöpferische Fähigkeit der Menschen zu entfalten, und die nicht zuletzt auch mit der Ökonomie der Herstellung und des Gebrauchs des Produkts übereinstimmt.

Die höhere gestalterische Qualität von industriellen Konsumgütern verlängert effektiv die Nutzungsdauer, und sie trägt dadurch wesentlich dazu bei, die Beanspruchung der natürlichen Umwelt zu vermindern. Sie ist ein Faktor zur Intensivierung stoff- und energiewirtschaftlicher Prozesse insbesondere im Bereich der gesellschaftlichen und individuellen Konsumtion. Dieser Faktor wurde in der Vergangenheit oftmals nur unzureichend beachtet, so daß häufig ein vorzeitiger Ersatz industrieller Konsumgüter erfolgte. Das war z. B. für Dietel[21] — einen anerkannten Formgestalter — Anlaß zu der zugespitzten Feststellung, daß kommende Generationen rückblickend sich verwundert fragen werden, warum wir uns in wichtigen Dingen so einschränkten, um diesen unsinnigen Aufwand durchzustehen, der mit dem häufigen Ersatz industrieller Gebrauchsgüter verbunden ist.

6. *Wege und ökonomische Wirkungen einer Verminderung der Abfälle in den Prozessen der Konsumtion und Zirkulation*

Auch in den Prozessen der Konsumtion und Zirkulation kann dazu beigetragen werden, die Stoff- und Energieausnutzung zu erhöhen und den Anfall von Abprodukten zu senken. Das kann durch sinnvollen und sparsamen Ge- oder Verbrauch aller Konsumtionsmittel, speziell aber hochwertiger Erzeugnisse wie z. B. Elektroenergie, erreicht werden. Ressourcenwirtschaftlich bedeutungsvoll ist z. B. ein sparsamer Verbrauch von Wasser. Aber auch eine gesunde Ernährung trägt dazu bei, denn Über- und Fehlernährung bedeuten Verluste an hochveredelten Stoffen und der gesellschaftlichen Arbeit, die für den Formwandel der Naturstoffe zu Nahrungsmitteln aufgewendet bzw. gebunden wurden. Andererseits sind zusätzliche Aufwendungen notwendig, um gesundheitliche Schadwirkungen abzuwehren. Die volkswirtschaftlichen Verluste durch Fehl- und Überernährung werden auf eine Größenordnung von jährlich 3 Mrd. M (lt. Institut für Ernährung) bis sogar auf 7 Mrd. M eingeschätzt.[22]

Ein Weg zur rationelleren Stoffausnutzung und effektiveren Wiederverwendung von Konsumtionsexkrementen, der m. E. gegenwärtig noch unterschätzt wird, besteht darin, in verstärktem Maße gesellschaftliche Organisationsformen der Bedürfnisbefriedigung zu entwickeln. Dadurch kann zugleich der Aufwand gesellschaftlicher Arbeit für die produktive oder ökologische Rezirkulation gegenwärtig unvermeidbarer Abfälle minimiert werden. Zur Durchsetzung solcher gesellschaftlicher Organisationsformen bietet sich die territoriale sozialistische Rationalisierung an.

Analoges wie für die Konsumtion gilt auch für die Zirkulationsprozesse. Indem z. B. die Verpackung auf ein gesellschaftlich notwendiges Maß begrenzt, die Lager- und Transportverluste gesenkt sowie der Verderb insbesondere von Nahrungsmitteln vermindert werden, können Stoffe und die für ihren Formwandel zu Gebrauchswerten aufgewendete Arbeit rationeller ausgenutzt werden.

Trotz der verschiedenen Maßnahmen zur rationelleren Stoff- und Energienutzung in den Prozessen der produktiven, gesellschaftlichen und individuellen Konsumtion verliert ständig ein Teil der darin eingegangenen Produkte nach unterschiedlich langer Nutzung ihre Gebrauchseigenschaften. Sie fallen vor allem als Altstoffe und Siedlungsabfälle an. Vorrangig wird in den konsumtiven Prozessen die Funktionstüchtigkeit und Gestalt der Arbeitsmittel und industriellen Konsumtionsgüter verschlissen, während ihre stoffliche Substanz weitgehend erhalten bleibt, da deren Alterungsprozeß meistens langsamer verläuft. Daher können auch sie als Sekundärrohstoffe wiederverwendet werden. Dadurch verlängert sich die Stoffbindung in den wirtschaftlichen Prozessen, und auf je höherer Formänderungsstufe sie produktiv rezirkuliert werden, um so mehr gesellschaftliche Arbeit wird eingespart.

Wie sich z. B. die Emissionsintensität der Konsumtion nach ausgewählten Abproduktearten entwickelt hat, weisen die folgenden Daten aus (Tab. 1):

Tabelle 1
Quelle: siehe Anm. 23

	1970	1975
Konsumtionsfonds, individuelle Konsumtion	100	128
Hausbrandemission (Staub und SO_2) je Einheit Konsumtionsfonds	100	70
Emission durch individuellen PKW-Verkehr je Einheit Konsumtionsfonds	100	100
Hausmüll je Einh. Konsumtionsfonds	100	179
Abwasseranfall je Einh. Konsumtionsfonds	100	93

Sofern der Index der Abprodukteintensität über 100 gestiegen ist, so bedeutet es, daß die Abproduktemasse schneller gewachsen ist als der Konsumtionsfonds. Die Hausbrandemissionen und der Abwasseranfall dagegen entwickelten sich langsam, was die positiven Tendenzen kennzeichnet.

7. *Ökonomische Schlußfolgerungen der intensiveren Stoff- und Energieausnutzung und des verstärkten Sekundärrohstoffeinsatzes*

Ökonomisch sind die höhere Stoff- und Energieausnutzung mittels effektiverer Technologien in Produktion, Zirkulation und in der Konsumtion sowie die verstärkte Erschließung der Abprodukte als volkswirtschaftliche Stoffreserve insbesondere in dreifacher Hinsicht bedeutungsvoll:

a) Die auf den vorangegangenen Formänderungsstufen aufgewendete gesellschaftliche Arbeit verteilt sich auf eine größere Anzahl von Gebrauchswerten, so daß im entsprechenden Maße die Kosten sinken und die Arbeitsproduktivität steigt.

b) Es wird gesellschaftliche Arbeit in dem Maße freigesetzt, in dem bisher anfallende Nicht-Gebrauchswerte produktiv rezirkuliert werden.
c) Es vermindern sich die Aufwendungen für die Naturquellenreproduktion, und zwar sowohl für die Erkundung und Erschließung neuer Rohstoffvorkommen als auch für die ökologische Rezirkulation der festen, flüssigen oder gasförmigen Abprodukte wie auch des Wärmemülls.

Sofern die Produktions-, Zirkulations- und Konsumtionsexkremente, speziell die toxischen Abprodukte beim gegenwärtigen Entwicklungsstand der Produktivkräfte aus ökonomischen Gründen, z. B. mangels wissenschaftlich-technischen Vorlaufs und fehlender Investitionsmittel, oder aus hygienischen, sicherheitstechnischen u. a. Gründen nicht produktiv wiederverwendet werden können, müssen sie — und das mit der Überforderung der natürlichen Abbaupotentiale im wachsenden Maße — durch den Aufwand gesellschaftlicher Arbeit in die natürliche Umwelt zurückgeführt und dort in die natürlichen Stoffkreisläufe entsprechend den ökologischen Erfordernissen wieder eingeordnet werden.

Mit den folgenden Abbildungen sollen einige der dargelegten Beziehungen illustriert und Schlußfolgerungen abgeleitet werden. Das Schema der stoffwirtschaftlichen Wechselbeziehungen zwischen der Gesellschaft und ihrer natürlichen Umwelt soll

erstens veranschaulichen, daß von Stufe zu Stufe ein immer kleiner werdender Teil der ursprünglichen Stoffmasse in Gebrauchswerten — Stufenprodukten — gebunden wird. Entsprechend wächst die stoffliche Substanz der Nicht-Gebrauchswerte. In den konsumtionsfähigen Endprodukten — Arbeits- und Konsumtionsmitteln — werden nach sowjetischen Untersuchungen nur wenige Prozent der aus der natürlichen Umwelt entzogenen Stoffmassen gebunden.

Zweitens soll verdeutlicht werden, daß — produktbezogen — von Stufe zu Stufe die gesellschaftliche Arbeit anwächst, die für den Formwandel der Naturstoffe zu Gebrauchswerten aufgewendet wird. Auf je höherer Formänderungsstufe Nicht-Gebrauchswerte entstehen, um so mehr gesellschaftliche Arbeit wird nicht produktiv gebunden.

Andererseits wird um so mehr gesellschaftliche Arbeit für die Extraktion und Umwandlung von stofflichen Substanzen eingespart, in je höhere Stufenprozesse hinein weiter nutzbare Abfälle und Altstoffe rezirkuliert werden. Mit abnehmender Naturgunst erhält die Einsparung von Kosten für die Gewinnung von Rohstoffen wachsendes Gewicht.

Schließlich soll das Schema illustrieren, daß im Grunde genommen praktisch die gesamten Stoffmassen, die den natürlichen Ressourcen entzogen wurden, nach unterschiedlich langer Bindung in Produktion und Konsumtion teils nach grundlegender Umwandlung wieder in die natürliche Umwelt ausgeschieden werden. Die ökologische Rezirkulation dieser stofflichen Substanzen und der Abwärme ist die abschließende und unerläßliche Phase des Stoff- und Energieaustausches zwischen der Gesellschaft und ihrer natürlichen Umwelt.

Der Stoff- und Energieaustausch und damit der Produktionsprozeß bzw. — im

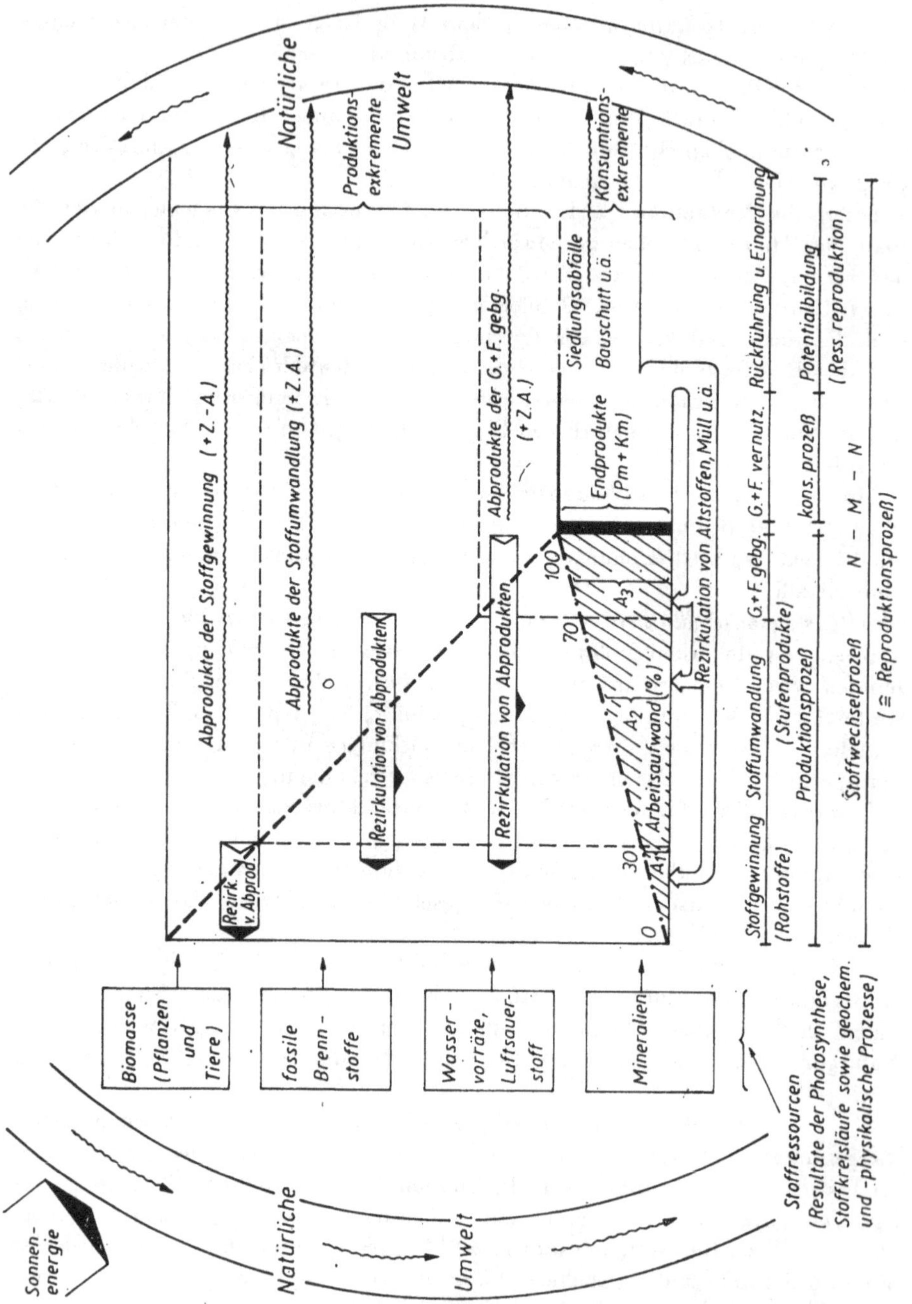

Abb. 1 Schema – Vereinfachte Darstellung der stoffwirtschaftlichen Wechselbeziehungen zwischen Natur–Gesellschaft–Natur

Zusammenhang und beständigen Fluß seiner Erneuerung betrachtet — der Reproduktionsprozeß sind erst vollzogen, wenn die stofflichen Substanzen, die auf den einzelnen Stufen der Formung der Naturstoffe zu Gebrauchswerten als Abprodukte entstehen, auf geeignetem Wege und planmäßig in die natürliche Umwelt zurückgeführt sowie in die Stoffkreisläufe der Natur wieder eingegliedert sind. Die dafür erforderliche gesellschaftliche Arbeit ist ein Bestandteil des Gesamtaufwandes für den gesellschaftlichen Reproduktionsprozeß und beeinflußt dessen Effektivität. In der Vergangenheit wurden ausschließlich Gratisdienste der Natur genutzt. Mit der zunehmenden Erschöpfung der natürlichen Speicher- und Abbaupotentiale ist dafür mehr und mehr Aufwand an gesellschaftlicher Arbeit erforderlich, die bewirkt, daß die Leistungsfähigkeit der Menschen sowie der natürlichen Potentiale erhalten bleibt.

Erst der Gesamtarbeitsaufwand für einen geregelten Stoff- und Energieaustausch bestimmt den Wirkungsgrad der gesellschaftlichen Arbeit, der seinen quantitativen Ausdruck in der gesellschaftlichen Arbeitsproduktivität findet. Ohne Berücksichtigung des Arbeitsaufwandes für die Rückführung der Abprodukte in die natürliche Umwelt und damit für die Erhaltung der Leistungsfähigkeit der natürlichen Potentiale charakterisieren die entsprechenden Kennziffern nur einen Teil des Aufwandes zur Sicherung des lebensnotwendigen Stoff- und Energiewechsels und führen ggfs. zu stoff- und energiewirtschaftlichen Fehlorientierungen. Bei der Entscheidungsfindung über Investitionsvarianten sollten diese Gesichtspunkte nicht übersehen werden.

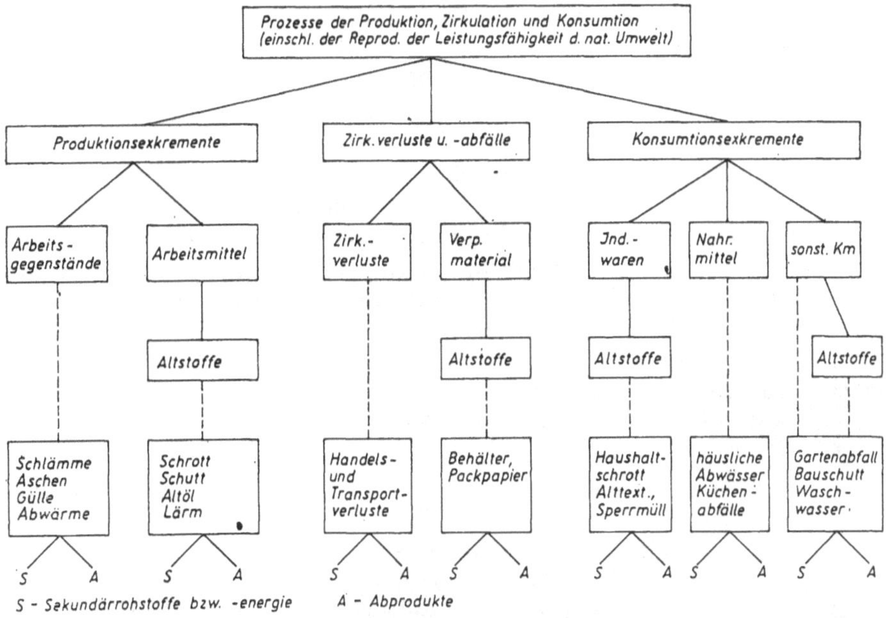

Abb. 2 Gliederung der Abfälle nach den Prozessen ihrer Entstehung

Der Charakter der Arbeit, die für die ökologische Rezirkulation aufgewendet wird, ist Gegenstand teils heftiger Diskussionen. Ich betrachte sie als produktive Arbeit, wobei mir bewußt ist, daß die Klärung dieser wie auch einiger anderer polit-ökonomischer Kategorien noch der Forschungsarbeit und des Meinungsstreits bedarf. Das gilt übrigens auch für Wege zur ökonomischen Stimulierung, Einführung abproduktearmer Technologien und der Nutzung von Sekundärrohstoffen.

Mit der Abbildung 2 soll die Gliederung der Abfälle nach den Prozessen ihrer Entstehung — Produktion, Zirkulation und Konsumtion — und zum anderen nach der Stellung jener Stufen- und Endprodukte illustriert werden, denen sie entstammen, z. B. aus Arbeitsgegenständen, Arbeitsmitteln, Verpackungsmaterialien industrieller Konsumgüter oder Nahrungsmitteln. Die graphische Darstellung deutet die Vielfalt der konkreten Erscheinungsformen der Abfälle an, wenn auch die Grenzen fließend sind. Deutlich wird auch die spezielle Stellung der Altstoffe, die nicht durch Formwandel der Naturstoffe zu Gebrauchswerten, sondern durch den Verschleiß, teils nur moralischen, der Produktions- und Konsumtionsmittel entstehen.

8. Entwicklung der Nutzung von Sekundärrohstoffen

Statistisch erfaßt werden etwa 350 Arten fester Abprodukte.[24] Darüber hinaus entstehen aber noch die verschiedenartigsten flüssigen und gasförmigen Abprodukte oder der Wärmemüll, der als energetisches Abprodukt, als eine spezielle Art anzusehen ist. In Untersuchungen im Bezirk Halle wurden rd. 800 verschiedene Abproduktearten unterschieden.

Von den Gebrauchseigenschaften der stofflichen Substanzen der verschiedenen Produktions-, Zirkulations- und Konsumtionsexkremente hängt es ab, ob sie als Sekundärrohstoffe wiederverwendet werden können und damit ökonomisch den Charakter von Neben- oder Kuppelprodukten haben oder als Abprodukte, d. h. Nicht-Gebrauchswerte aus dem volkswirtschaftlichen Reproduktionsprozeß ausgeschieden und in die natürliche Umwelt zurückgegeben werden. In zunehmendem Maße werden Schrott, Altpapier, Alttextilien, Aschen, Klärschlamm, Holzreste und andere Abfälle als Sekundärrohstoffe genutzt, wie die folgenden Daten[25] und die Tabelle 2 zeigen.

Der Rohstoffbedarf zur Stahlproduktion wird zu 75% aus Schrott gedeckt. 1000 t Schrott ersetzen ca. 1500 t Erz und 200 t Koks, die beide importiert werden müssen. Der Schrotteinsatz bewirkt, daß lediglich ein Drittel an Kosten gegenüber einer Stahlproduktion auf der Grundlage von Primärrohstoffen entsteht.

Die Kosten für die Kupferproduktion auf Schrottbasis liegen sogar nur bei 15—25% gegenüber der Verwendung von Erz.

Rund 45% der Papierproduktion basiert auf Altpapier. Mit jeder Tonne Altpapier können etwa 0,80 bis 0,85 t Primärfaserstoffe — Holzschliff bzw. Zellstoff — substituiert werden. Während 1 t gebleichter Zellstoff 2000—3000 M kostet,

Tabelle 2
Entwicklung des Aufkommens wichtiger Sekundärrohstoffe
Quelle: Statistisches Jahrbuch der DDR, 1978, S. 125

Stoffart	ME	1971	1977	1977
Stahlschrott	kt	4 695	5 842	124
Gußbruch	kt	381	426	112
Schrott aus Kupfer u. -legierungen	kt	44	50	114
Schrott aus Blei u. -legierungen	kt	34	45	132
Schrott aus Zink u. -legierungen	kt	21	19	90
Schrott aus Aluminium u. -legierungen	kt	41	53	129
Altpapier	kt	443	663	143
Alttextilien	kt	107	135	126
Rücklaufflaschen	Mio Stck	294	446	152
Rücklaufgläser	Mio Stck	157	262	167

liegt der Preis für Altpapier bei 250—300 M/t. 100 t Altpapier ersetzen rd. 80 Schichtfestmeter Holz.

Der Bedarf an Flaschen und Gläsern wird — das ist abhängig vom Sortiment — zu 60—100% aus dem Rücklauf gedeckt. Durch die Wiederverwendung von 100 Mio Flaschen oder Gläsern werden gegenüber einer Neuproduktion folgende Einsparungen erzielt: 30 000 t Glassand, 10 000 t Soda, 6 000 t Heizöl, 18 Mio kWh Elektroenergie und rd. 75 Mio m^3 Gas.

Besonders große Fortschritte wurden nach Reichelt[26] in den letzten Jahren bei der Nutzung von Klärschlamm erzielt. In 890 kommunalen Klärwerken fallen z. Z. jährlich 7,6 Mio m^3 Klärschlamm an; 1980 werden es ca. 10 Mio m^3 und 1990 etwa 15 Mio m^3 sein. Der Klärschlamm enthält je 1 t:

3,15 kg Stickstoff,
6,70 kg Phosphorsäure und
0,18 kg Kali.

1974 wurden 30%, 1976 bereits 60% und 1977 sogar rd. 70% des Klärschlamms landwirtschaftlich verwertet. Während 1976 lediglich 325 000 m^3 organische Düngestoffe aus Klärschlamm, Dung, Altstroh usw. hergestellt wurden, waren es 1977 über 1,5 Mio m^3.

Bedeutungsvoll ist auch die Nutzung von Seeschlämmen. 1976 bis 1980 sollen 200 Seen und Teiche mit einer Fläche von etwa 6000 ha entschlammt werden.

Der Aufwand für die Seeschlammgewinnung kann mit 10—20 M/t angenommen werden. Durch Einsatz des Seeschlamms als Düngestoff auf Sandböden (Ackerzahl 20—25) können z. B. folgende Mehrerträge erwartet werden:

bei Kern- und Steinobst	30 dt/ha
bei Strauchbeerenobst	20 dt/ha
bei Erdbeeren	15 dt/ha.

Die Gewinnung von Seeschlamm ist nicht nur in stoffwirtschaftlicher, sondern auch in ressourcenökonomischer Hinsicht bedeutungsvoll.[27] Durch die Entschlammung der Seen wird die Leistungsfähigkeit dieser Naturressource wiederhergestellt. Von den 13 200 Seen und Teichen bedürfen etwa 3 000 einer „Verjüngungskur" durch Entschlammung.

Insgesamt wurden 1975 Sekundärrohstoffe im Wert von 2,5 Mrd. M genutzt. 1980 sollen es für 3,5 Mrd. M sein. Dabei haben sich die Sekundärrohstoffe — wie die folgenden Gegenüberstellungen zeigen — als ökonomisch vorteilhafter erwiesen. So ersetzen die Sekundärrohstoffe folgende Werte an vergleichbaren Primärrohstoffen bzw. Aufwendungen:[28]

je 1,— M Schrott	= 1,30 M	Primärrohstoff
je 1,— M Altpapier	= 2,40 M	Primärrohstoff
je 1,— M Holzreste und Rinden	= 2,— M	(Importe)
je 1,— M Rücklaufbehälterglas	= 1,35 M	(Neuproduktion)
je 1,— M Sulfitablauge	= 2,80 M	(volkswirtschaftlicher Nutzen)

9. Die Rolle von Forschung und Entwicklung sowie der materiell-technischen Bedingungen für die Erschließung der Abprodukte als Stoffressource

Trotz der erzielten Fortschritte gibt es aber noch volkswirtschaftlich sehr bedeutsame Reserven für eine produktive Rezirkulation stofflicher Substanzen und Abwärme, die gegenwärtig als Abprodukte in die natürliche Umwelt ausgeschieden werden. Das trifft z. B. für Siedlungsabfälle zu, für Altreifen, häusliche Abwässer, Holzreste, landwirtschaftliche Produktionsrückstände wie auch eine Vielzahl industrieller Abprodukte mit teils toxischer Wirkung. Es gibt hauptsächlich zwei Ursachen, daß diese Reserven wirtschaftlich noch ungenügend erschlossen sind: Einerseits fehlt der notwendige wissenschaftlich-technische Vorlauf. Dazu zählen nicht zuletzt wissenschaftliche Grundlagen zur realen Nutzensermittlung und ökonomischen Stimulierung der produktiven Rezirkulation von Produktions-, Zirkulations- und Konsumtionsexkrementen. Mit den veränderten gesellschaftlichen Verhältnissen, stoffwirtschaftlichen Zielsetzungen und auch den veränderten Reproduktionsbedingungen der Natur erweitert sich der ökonomische Spielraum für eine effektive Wiederverwendung von Abfällen. Der Nutzeffekt darf nicht allein vom betriebsökonomischen, sondern muß vom volkswirtschaftlichen Standpunkt betrachtet werden.

Andererseits wurde bisher der „... zweite große Zweig der Ökonomie in den Produktionsbedingungen“ nur in begrenztem Maße geschaffen. Darunter verstand KARL MARX[29] all jene materiell-technischen Bedingungen, „... wodurch diese sogenannten Exkremente in den Kreislauf der Produktion und daher der Konsumtion — produktiver oder individueller — zurückgeschleudert werden“. Es wird daher eingeschätzt, daß gegenwärtig, abgesehen von Schrott und Altpapier, nur ein geringer Teil der bereits *nutzbaren* Abfälle auf Grund fehlender materiell-technischer Verwertungs-, Lager- und Transportkapazitäten verwertet wird. Es gibt Schätzungen, die besagen, daß außer Schrott und Altpapier nur 10% der volkswirtschaftlich verwertbaren Abfälle genutzt werden. Die als Anlage beigefügte Übersicht über ausgewählte industrielle Abprodukte Berliner Be-

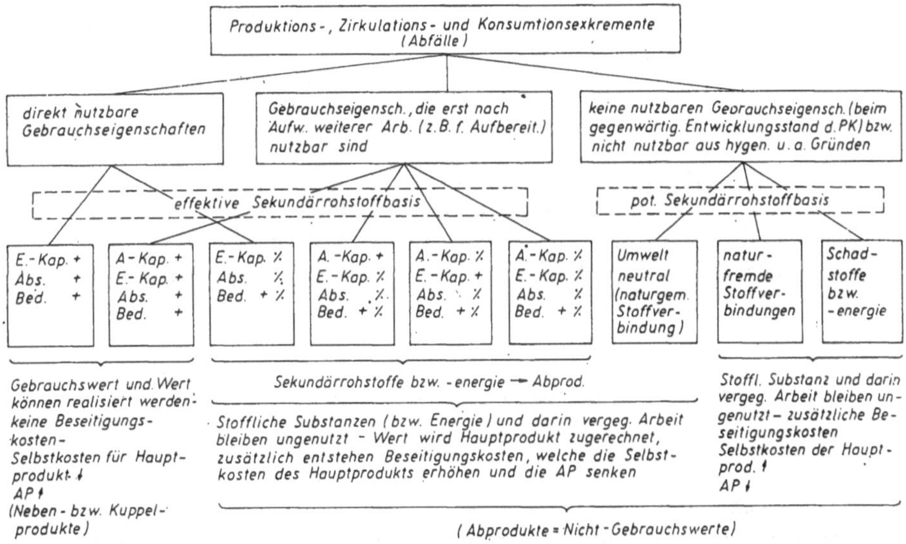

Abb. 3 Übersicht über wichtige Bedingungen und Beziehungen für die Erschließung der Abprodukte als Sekundärrohstoffe

E = Erfassungskapazitäten
A = Aufbereitungskapazitäten
Abs. = Absatzkapazitäten insb. — Steht in Wechselbeziehung zur materiell — technischen Basis
- a) Transportkapazitäten
- b) Be- und Entladekapazitäten
- c) Einsatzmöglichkeiten

Bed. = Bedarf
- a) am Standort des Anfalls
- b) überregional oder für Export
- c) Vorhandensein entspr. Primärrohstoffe

triebe illustriert die vorhandenen Reserven. Zugleich fordert sie aber Wissenschaftler wie Praktiker, Naturwissenschaftler, Techniker und Ökonomen heraus, gemeinsam nach effektiven Lösungsvarianten zu suchen.

Mit Abbildung 3 sollen die Bedingungen verdeutlicht werden, von denen es abhängt, ob die Produktions-, Zirkulations oder Konsumtionsexkremente als Sekundärrohstoffe wiederverwendet oder als Abprodukte in die natürlichen Stoffkreisläufe rezirkuliert werden müssen. Das Niveau der Forschung sowie der Ausbaugrad der materiell-technischen Basis bestimmen maßgeblich das Verhältnis — und dessen Entwicklung —, in dem Sekundärrohstoffe und Abprodukte entstehen.

Sofern die erforderlichen materiell-technischen Kapazitäten nicht gegeben sind, müssen die stofflichen Substanzen, die entsprechend den wissenschaftlich-technischen Erkenntnissen potentiell Gebrauchswert haben und damit ihrem ökonomischen Charakter nach Neben- oder Kuppelprodukte sein könnten, als Abprodukte in die natürliche Umwelt ausgeschieden werden. Das bedeutet Verluste sowohl an Stoffen als auch an gesellschaftlicher Arbeit.

Bei Altöl ist es gegenwärtig umgekehrt. Obwohl Bedarf und Aufbereitungskapazitäten gegeben sind, bleiben noch beträchtliche Mengen ungenutzt, weil sie unkontrolliert in die natürliche Umwelt gelangen oder zweckentfremdet verwendet werden (siehe Abb. 4).

Nur knapp die Hälfte der *technologisch* begründeten Altöl-Rückführmenge wird erfaßt, obwohl das Aufkommen in den zurückliegenden Jahren durchaus positive Tendenzen aufwies. Gegenwärtig ist es problematisch, ein höheres Aufkommen zu erreichen. Altöl kann mit hohem volkswirtschaftlichem Nutzen wie-

Von den 1973 erzeugten Schmierölen und speziellen Mineralölprodukten in Höhe von	
	335 kt = 100%
sind von ihrer Anwendung her	
	226 kt = 67,5%
im Prinzip zurückführbar.	
Auf Grund der technologischen Anwendungsbedingungen und der Erfahrungen aus Betrieben mit rationellem Schmieröleinsatz hätten von diesen	
	226 kt = 100%
insgesamt	120,5 kt = 53%
zurückgeführt werden können.	
Von dieser technologisch begründeten möglichen Rückfuhrmethode von	
	120,5 kt = 100%
wurden 1973 aber nur	57,4 kt = 48%
der Altölverwertung zugeführt. Daraus ergibt sich die Schlußfolgerung, daß eine	
Altölmenge von	63,0 kt = 52%
ungenutzt blieb und teils unkontrolliert in die natürliche Umwelt gelangte.	

Abb. 4 Größenverhältnisse der technologisch möglichen und tatsächlichen Altöl-Rückführmengen

derverwendet werden, denn mit der Produktion von 1000 t Schmieröl auf der Basis von Altöl können etwa 6000 t Erdöl-Primärrohstoff aus Importen eingespart werden. In Anbetracht der gestiegenen Weltmarktpreise für Erdöl ist die Altölerfassung und -aufbereitung ein hocheffektiver Intensivierungsfaktor,[30] obwohl durch die erhöhten Altölerfassungspreise die Einheit Einsatzmaterial bei Industriealtöl um 15% und bei Maschinenaltölen sogar um 70% teurer ist als auf der Basis von Rohöl aus Primärrohstoff. Durch Einsparung von Aufbereitungsprozessen (Entparaffinierung und Selektivparaffination), deren Kapazitäten darüber hinaus einen Engpaß darstellen, wird das Endprodukt aus Rohöl oder Altöl schließlich zu gleichen Kosten, aber auch mit gleichem Gebrauchswert produziert.

Gegenüber 1973 stieg das Altölaufkommen schneller als die Frischölerzeugung. So betrug es

1975 = 61,4 kt = 107% gegenüber 1973
1976 = 65 kt = 113%
1977 = rd. 70 kt = 125%

(Die Frischölerzeugung stieg nur um 4%).

Aus dieser Altölmenge von 70 kt wurden fast 50 kt Regeneratöl gewonnen, d. h. eine Ölmenge, die auf Primärrohstoffbasis zu erzeugen etwa 320 kt Erdöl erfordert hätte, das weder verfügbar noch von den vorhandenen Kapazitäten herverarbeitbar gewesen wäre.[31]

Die Ausbeute an Regeneratöl beträgt bei Industriealtöl über 60% und bei Motorenaltöl über 75%. Von 1963 bis 1975 ist jedoch der Wasser- und Schlammanteil im Motorenaltöl von 4% auf rd. 7,5% angestiegen. Auf der Basis von Altöl wurden annähernd zwei Drittel des DDR-Bedarfs an legiertem Motorenöl und über ein Viertel des Viertaktmotorenöls gedeckt.

10. Zu den Beziehungen zwischen Stoff- und Ressourcenökonomie

Die Erschöpfung der Erdölvorräte ist in den letzten Jahren stark in den Vordergrund getreten, und es wird nachdrücklich auf die Altölverwertung und Substitution der fossilen Brennstoffe hingewiesen. Welche Auswirkungen hat aber die mögliche Erschöpfung einer anderen Stoffressource, nämlich der gewinnbaren Phosphatvorräte und wie kann einer Erschöpfung entgegengewirkt werden? Bei meinen Untersuchungen zu den Stufenprozessen der Nahrungsmittelproduktion zeigte es sich, daß die Verluste des zur Düngung eingesetzten Phosphors unter Berücksichtigung der Nachwirkungen 40—45% betragen, was bedeutet, daß in der DDR jährlich 80 000 t verlorengehen.[32] Wertmäßig werden diese Verluste auf 160 Mio M beziffert.[33] Krämer, Krüger und Schulz[24] gehen davon aus, daß jährlich ca. 0,5 kg P/ha (und ca. 40 kg N/ha) aus den landwirtschaftlichen Nutzflächen ausgewaschen werden. In der DDR gelangen somit rd. 3000 t

Phosphor (und rd. 250 kt Stickstoff) in die Gewässer. Daraus ziehen sie die Schlußfolgerung, daß im Mittel rd. 14% der Phosphoreintragungen (und rd. 75% der Stickstoffeintragungen) in die Gewässser aus der Düngung der landwirtschaftlichen Nutzflächen resultieren. Diese stoffwirtschaftlichen Verluste sind ressourcenökonomisch gewichtig, da sie die Eutrophierung fördern.

Nach den mir bekannten Angaben sollen die Phosphorvorräte bei der gegenwärtig abschätzbaren Entwicklung der Gewinnungstechnologien noch über 100 Jahre, sagen wir großzügig 200 Jahre, ausreichen. Bei den biologischen Umformungsprozessen ist Adenosintriphosphat (ATP) unerläßlich, und Phosphor stellt daher eine Schlüsselsubstanz des Lebens dar, die nicht substituierbar ist. Sehe ich dieses Problem richtig und wenn ja, tun wir alles, um diese Stoffe so rationell wie möglich auszunutzen. Welche Wege sind generell denkbar, um so auf den natürlichen Kreislauf dieses Elements einzuwirken, daß es zur Sicherung der Ernährung der wachsenden Weltbevölkerung verfügbar bleibt?

Bei den hier angeführten Abfallmengen handelt es sich lediglich um solche Abproduktearten, die *bilanziert* werden. Die jährliche bilanzierte Gesamtmasse wird mit 85—90 Mio t angegeben, 1980 sollen mindestens 30 Mio t in die wirtschaftlichen Stoffkreisläufe rezirkuliert werden.

Darüber hinaus entstehen z. B. riesige Mengen flüssiger und gasförmiger Abprodukte, wie z. B. Kaliabwässer[35] und Schwefeldioxid. Die wirtschaftliche Nutzung der Magnesiumchloridlauge der Kaliindustrie sowie die Rauchgasentschwefelung sind noch Probleme, deren Lösung hohe Anforderungen an den Akkumulationsfond der Volkswirtschaft stellen.

Im Bauwesen[36] der DDR wurden in den zurückliegenden Jahren etwa 8,4 Mio t Sekundärrohstoffe aus 13 verschiedenen Stoffgruppen, wie z. B. Verbrennungs-, Schmelz- und Bergbaurückstände, im Werte von etwa 110 Mio M genutzt. Mit dem für 1980 geplanten Einsatz von 150 kt Braunkohlenfilteraschen können bei einer teilweisen Verbesserung der Betonqualität Zementeinsparungen von 40—50 kt erreicht werden. Trotzdem müssen gerade in diesem Zweig die Voraussetzungen für eine verstärkte Erschließung von Produktionsabfällen geschaffen werden, weil im Bauwesen große Stoffmassen gebraucht werden.

Stoff- und ressourcenwirtschaftlich bedeutsam sind die wachsenden Mengen an häuslichen Abwässern. Sie enthalten eine Reihe von Nährstoffen, die für die Pflanzenproduktion wirtschaftlich genutzt werden können. Abbildung 5 vermittelt einen zahlenmäßigen Überblick über den mittleren Gehalt an Inhaltsstoffen a) von nur mechanisch geklärten und b) von biologisch gereinigten häuslichen Abwässern.[37]

In der DDR bestehen gegenwärtig über 120 Abwasserverwertungsanlagen, durch die über 50 000 ha Fläche beregnet werden. Im Jahr werden auf diese Weise weit über 200 Mio m^3 Abwasser genutzt. Das ist zweifellos ein positives Ergebnis. Es könnte aber ein Mehrfaches an Fläche beregnet und vor allem ein Vielfaches an potentiell nutzbarem Abwasser verwertet werden. Schätzungen besagen, daß die potentiell nutzbare Abwassermenge von 1975 = knapp 700 Mio m^3

Inhaltsstoffe	Mechanisch geklärtes Abwasser	Biologisch geklärtes Abwasser
	(Angaben in mg/l = kg/ha bei 100 mm Abwassergabe)	
Ges.-Stickstoff	50	35
dav.: NH_3-N	35	30
NO_3-N	3	–
Organ. gebunden	12	5
Phosphor	4	3
Kalium	29	21
Kalzium	150	71
Magnesium	27	12
Natrium	115	90
Chlor	190	120

Abb. 5 Mittlerer Gehalt an Inhaltsstoffen von häuslichen Abwässern

für eine potentielle Bewässerungsfläche von über 170 000 ha bis 1990 auf über 1 Mrd m^3/a und rd. 265 000 ha steigen wird.[38]

Sowohl von stoff- als auch von ressourcenwirtschaftlicher Bedeutung ist eine effektive Verwertung der Gülle. Neben 25 Mio t Stallmist, 15 Mio t Jauche fallen gegenwärtig etwa 50 Mio t Gülle an. Sie enthält — berechnet auf Grund durchschnittlicher Nährstoffgehalte — annähernd 225 kt Stickstoff, 60 kt Phosphor und fast 250 kt Kalium. Um die volkswirtschaftliche Bedeutung der Gülle als Sekundärrohstoff abzurunden, sei angemerkt, daß 225 kt Stickstoffproduktion etwa 1 Mrd. M Grundfonds in der chemischen Industrie erfordert.

Ein bedeutsames Mittel zur Erhaltung der Bodenfruchtbarkeit stellt ebenfalls der Kompost dar, der aus Siedlungsabfällen gewonnen wird. In den letzten Jahren wurde die Produktion organischer Düngestoffe aus Klärschlamm gemischt mit land- und forstwirtschaftlichen Abfällen beträchtlich erweitert. Während 1976 lediglich 325 000 m^3 hergestellt wurden, sind es gegenwärtig bereits (lt. Plan) über 2 Mio m^3.

Hausmüll wird seit mehr als einem Jahrzehnt gemeinsam mit Klärschlamm in einer Anlage in Waßmannsdorf zu einem Kompost verarbeitet, dessen Qualität die folgenden Kennwerte verdeutlichen (Tab. 3).

Ein ökonomischer Vergleich zwischen der Kompostierung in Waßmannsdorf und der geordneten Deponie gleichartigen Mülls zeigt, daß unter Berücksichtigung der Komposterlöse beide annähernd gleiche finanzielle Aufwendungen erfordern. Der Einsatz des Komposts bewirkt aber darüber hinaus ressourcenökonomische Effekte bzw. bringt dem Anwender Mehrerträge.[39]

Ein anschauliches Beispiel, welche Reserven erschlossen werden können, bietet auch der Hausmüll. Allein in den 12—13 Mio m^3 ($\triangleq$ rd. 4 Mio t) Hausmüll

Tabelle 3

Organische Substanz	10 – 30%
Gesamt-Stickstoff	0,4%
Gesamt-Phosphor	0,3%
Gesamt-Kalium	0,4%
Spurenelemente	
Bor	60 – 90 mg/kg
Mangan	2 – 4 mg/kg
Kupfer	200 – 300 mg/kg
Wassergehalt	30 – 40%
pH-Wert	6,2 – 6,8
Dichte	0,8 – 1,1 t/m^3

sind lt. Institut für Kommunalwirtschaft, Dresden, schätzungsweise 142 000 t Stahlschrott, 380 000 t Papier und Pappen, 100 000 t Plaste sowie 490 000 t Glas und Porzellan, zusammen rd. 1,3 Mio t nutzbare Stoffe enthalten, die gegenwärtig mit der Deponie des Mülls verlorengehen.

Das gleiche trifft für Küchenabfälle zu, die als Futtermittel mit hohem Nutzen wiederverwendet werden können. Analysen in verschiedenen Städten (über 5000 Einwohner) der DDR ergaben spezifische Erfassungsmengen von 9–82 kg je Einwohner und Jahr.

Diese Schwankungsbreite beweist, daß große Futterreserven vorhanden sind, und sie bestätigt die Einschätzung von Rüster,[40] daß 48% der entstehenden Küchenabfälle — in der DDR rd. 500 000 t — im Müll enthalten sind und mit dessen Deponie somit ungenutzt bleiben. Sortieranalysen — Abbildung 6 — des Berliner Hausmülls zeigten, daß der Anteil der Küchenabfälle einschließlich Brot in dem Vergleichszeitraum 1957/59 bis 1965/66 zwar von 30,3% auf 26,8% zurückging, daß ein Anteil von reichlich einem Viertel trotz Erfassungsaktionen volkswirtschaftlich gesehen dennoch sehr hoch ist. Allein der Brotanteil von 1,3% (1965/66) bedeutet, daß a) allein in Berlin rd. 4700 t/a Brot in den Müll gegeben wurden. Das entspricht dem Ernteertrag einer Getreidefläche von rd. 1400 ha. Diese Fläche wird also beansprucht, ohne daß gesellschaftliche Bedürfnisse befriedigt werden. Der Vermeidung der Brotverluste kommt daher eine Freisetzung dieser Naturressource gleich. Das bedeutet aber auch b), daß gesellschaftliche Arbeit für die Bearbeitung dieser Fläche, die Aussaat, Pflege und Ernte der Kulturen, für die Verarbeitung des Getreides zu Mehl, für das Backen des Brotes und nicht zuletzt für die zahlreichen Transporte und Zirkulationsprozesse aufgewendet wurde, ohne der Gesellschaft den Effekt der Bedürfnisbefriedigung zu bringen.

Das ist nur der direkte Aufwand. Ungenutzt bleibt auch der Aufwand auf den jeweiligen vorgelagerten Produktionsstufen, z. B. für die Produktion der dafür eingesetzten Düngemittel oder für die Bereitstellung des benötigten Wassers. Da für 1 kg Brot auf den verschiedenen Produktionsstufen insgesamt rd.

	Insgesamt 57/59	65/66	davon Sommermüll 57/59	65/66	Wintermüll 57/59	65/66	niedrigster Monatsdurchschnitt 1965/66	höchster Monatsdurchschnitt 1965/66
Asche	45,41	30,4	24,57	7,8	54,39	41,7	2,5	56,0
Küchenabfälle	29,28	25,5	38,86	33,7	25,19	21,6	12,3	43,3
Brot	0,96	1,3	1,20	1,6	0,86	1,1	0,8	2,1
Textilien	1,24	2,0	1,96	2,6	0,93	1,6	0,7	3,5
Kehricht	0,63	3,2	1,08	4,1	0,43	2,8	0,1	11,7
Blumen	1,37	1,6	2,43	2,7	0,88	1,1	0,3	8,2
Papier	7,63	16,7	13,40	23,0	5,17	13,5	9,1	28,9
Leder	0,16	0,2	0,41	0,2	0,05	0,1	0,1	0,8
Knochen	1,56	1,0	1,11	0,9	1,75	1,0	0,3	1,9
Holz	0,04	0,5	0,11	0,8	0,01	0,3	0,1	2,1
Ind. Abfälle	—	1,0	—	1,2	—	0,9	0,1	7,7
Folie	—	1,3	—	1,6	—	1,1	0,7	2,5
Metall	2,16	2,6	2,75	3,2	1,91	2,3	1,5	4,7
Steine	1,85	2,6	2,23	3,8	1,69	1,9	0,1	7,3
Glas	6,11	9,7	7,73	11,9	5,42	8,6	5,8	15,5
Porzellan	1,61	0,4	2,17	0,8	1,37	0,3	0,1	1,8
Insg.	100	100	100	100	100			

Abb. 6 **Strukturelle Entwicklung des Berliner Hausmülls — Ergebnisse von Sortieranalysen 1957/59 und 1965/66**

1200 kg Wasser verbraucht werden, bedeutet der Brotanteil im Berliner Hausmüll zugleich die Vergeudung von mehr als 5,6 Mio m^3 Wasser. Mit der Vermeidung der Brotverluste kann also auch im entsprechenden Ausmaß diese Naturressource entlastet werden. Dieses Beispiel bezieht sich nur auf einen relativ sehr kleinen Anteil einer einzigen Komponente der Siedlungsabfälle, die wiederum nur ein Teil der gesamten Abprodukte der Volkswirtschaft sind. Daraus läßt sich erkennen, in welchen volkswirtschaftlichen Dimensionen durch stofflich-energetische Abprodukte in Produktion, Zirkulation und Konsumtion — insbesondere unter Berücksichtigung der jeweils vorgelagerten Produktionsstufen und Zulieferzweige — Naturressourcen genutzt und gesellschaftliche Arbeit aufgewendet werden, ohne daß sie zur Befriedigung gesellschaftlicher Bedürfnisse beitragen.

Weitere, nicht bilanzierte Abprodukte sind z. B. die Industriestäube sowie die Abgase der Kraftfahrzeuge. In toxischer Hinsicht besonders bedeutungsvoll ist die Belastung der natürlichen Umwelt durch Bleiemissionen, die aus den Verbrennungsprozessen des Benzins stammen. Während 1950 noch 145 t Blei in der DDR emittiert wurden, waren es 1970 bereits 533 t,[41] was einer Steigerung auf 360% entspricht.

Im globalen Maßstab werden jährlich — darauf wies Kirillin[42] in seiner Rede vor dem Obersten Sowjet der UdSSR im September 1972 hin — alljährlich Hunderte Millionen Tonnen verschiedener Schadstoffe in die Atmosphäre ausgestoßen, die sich ungünstig auf die Gesundheit der Menschen[43] sowie auf die Lebensvorgänge der Pflanzen, Tiere und Mikroorganismen auswirken. Er schätzte ein, daß der Umfang der Emissionen in die Atmosphäre im letzten Jahrzehnt sich verdoppelt hat und daß die Emissionen von Schadstoffen sich bis 1980 im Vergleich zu 1970 wiederum verdoppeln werden, wenn nicht die notwendigen materiell-technischen Bedingungen zu ihrer Eindämmung geschaffen werden. Er wies vor allem darauf hin, daß es gegenwärtig notwendig sei, die Emission der Kraftfahrzeugmotoren zu senken und ihre Toxizität zu vermindern.

Als eine der Folgen der ständig zunehmenden Verbrennung fossiler Kohlenstoffe im letzten Jahrhundert in der Welt ist nach Schreiber[44] der CO_2-Gehalt der Luft von 1880 = 290 ppm bis 1977 auf 330 bis 340 ppm angestiegen. Er hat sich damit um 40—50 ppm bzw. um 13—15% erhöht. Mit einer weiteren starken Zunahme in den nächsten 2—3 Jahrzehnten wird gerechnet, so daß um 2000 Werte von 560—600 ppm erwartet werden.

Das globale Ausmaß der jährlich entstehenden Abproduktemassen versucht Ehrensvärd[45] einzuschätzen. Während er den Entzug von Stoffen — ohne Wasser und Sauerstoff — aus der Natur mit insgesamt etwa 9 Mrd. t beziffert, gibt er die Jahresabfallmenge an Abprodukten in der Welt mit über 8 Mrd. t an, davon ca. 5,5 Mrd. t gasförmige, 2,5 Mrd. t feste sowie ca. 150 Mio t in Abwässern gelöste Substanzen.

11. Untersuchungen sowjetischer Wissenschaftler über den Stoffaustausch im „bioökonomischen System" der UdSSR

Sowjetische Wissenschaftler[46] haben es erstmalig unternommen, den Stoffwechsel einer Volkswirtschaft größenordnungsmäßig zu quantifizieren. Auf der Grundlage von Expertenschätzungen haben sie eine „Stoffbilanz für das bioökonomische System der UdSSR" aufgestellt.

Abbildung 7 zeigt, daß in der UdSSR 298—308 Mrd. Tonnen Stoffe (einschl. Wasser und Sauerstoff) der Biosphäre entzogen wurden.[47] Zusammen mit den 40—50 Mrd. Tonnen Sekundärrohstoffe wurden 331—351 Mrd. Tonnen stoffliche Substanzen der Produktion zugeleitet, 8 Mrd. Tonnen dem Direktverbrauch zugeführt. Von den 331—351 Mrd. Tonnen, die in die Produktion oder, wie Marx auch sagt, in den Formwandelprozeß von Naturstoffen zu Gebrauchswerten ein-

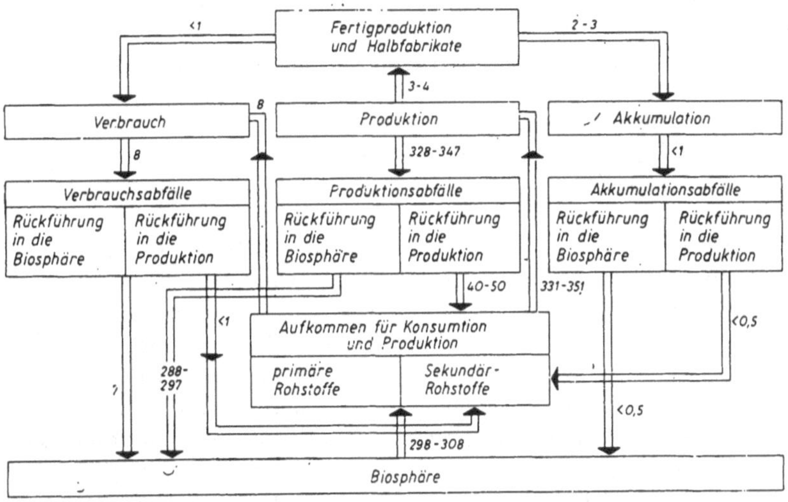

Abb. 7 Stoffkreislauf im bioökonomischen System der UdSSR

gehen, werden nur 3—4 Mrd. Tonnen in Fertig- und Halbfertigprodukten gebunden. Die weitaus überwiegende Stoffmasse (328—347 Mrd. Tonnen) entsteht aus Produktionsabfällen, von denen, wie gesagt, 40—50 Mrd Tonnen als Sekundärrohstoffe wiederverwendet werden. 228—297 Mrd. Tonnen werden als Abprodukte in die natürliche Umwelt zurückgegeben, ebenso 7 Mrd Tonnen Abfälle aus der Konsumtion und 0,5 Mrd. Tonnen aus Akkumulationsprozessen, zusammen also 296—305 Mrd. Tonnen. Je 1 ha des sowjetischen Territoriums werden, wie die sowjetischen Wissenschaftler analysierend feststellen, etwa 150 Tonnen stoffliche Substanz (feste Stoffe, Wasser, Sauerstoff) entzogen und nahezu ebensoviel als Abprodukte der natürlichen Umwelt zurückgegeben. Für jeden Rubel Nationaleinkommen wurde etwa 1 Tonne Naturstoffe benötigt.

Bei der Erläuterung des Stoffwechsels zwischen der Gesellschaft und ihrer natürlichen Umwelt wurde darauf hingewiesen, daß nur ein Teil der Naturstoffe, die in den gesellschaftlichen Reproduktionsprozeß einbezogen werden, in konsumfähigen Endprodukten gebunden wird. Die Zahlenangaben der sowjetischen Wissenschaftler lassen die Größe dieses Teils näherungsweise erkennen: 12 Mrd. Tonnen (davon 8 Mrd Tonnen direkt und 3–4 Mrd Tonnen in industriellen Fertig- oder Halbfertigprodukten). Das sind etwa 4 Prozent[48] von den der natürlichen Umwelt ursprünglich entzogenen Stoffen, auf den ersten Blick überraschend wenig. Da die Stoffausnutzung von der Entwicklung der Produktivkräfte bedingt wird, zeigt es sich aber andererseits, daß im Zuge der wissenschaftlich-technischen Revolution riesige Stoffreserven für ein kontinuierliches Wirtschaftswachstum gegeben sind.

Eine wichtige Voraussetzung dafür ist, daß die Entwicklung der materiell-technischen Basis und die Organisation planmäßig und zielstrebig auf die Stoffnutzung nach dem Prinzip des wirtschaftlichen Stoffkreislaufes statt des bisherigen -durchlaufes ausgerichtet wird.

Für die Volkswirtschaft der DDR ist eine derartige zusammenfassende Stoffbilanz nicht bekannt. Wenn sich auch auf Grund der Produktionsstruktur, der Ausstattung mit einheimischen Rohstoffvorräten, des Außenhandels usw. Abweichungen in den Daten ergeben würden, hinsichtlich des Ausnutzungsgrades und der Bindung in konsumtionsfähigen Endprodukten sind keine prinzipiellen Unterschiede zu erwarten.

Nach sehr groben Überschlagsrechnungen ist für die DDR je 1 ha des Territoriums sowohl ein beträchtlicher Stoffentzug als auch Abprodukteanfall anzurechnen. Er könnte durchaus fast die dreifache Größe des sowjetischen Wertes erreichen, also bei 400–450 t/ha liegen, wobei die gewichtigste Komponente das Wasser ist. Allein an *festen* Naturstoffen, insbesondere in Form pflanzlicher und mineralischer Rohstoffe, werden etwa 550–650 Mio Tonnen, das sind 50–60 t/ha, der natürlichen Umwelt entzogen und auch wieder zurückgegeben. Dabei wird der Kohlenstoff der für Verbrennungsprozesse genutzten Kohle in gasförmige Stoffverbindung umgewandelt und in die Atmosphäre emitiert.

Im wachsenden Maße entstehen nicht nur stoffliche Abprodukte, sondern auch Wärmemüll.[49] Nach dem 1. Hauptsatz der Thermodynamik kann keine Energie verlorengehen, sondern sie wird nur in eine andere Form umgewandelt. Alle Prozesse der Energieumwandlung und -anwendung – die Größenordnung der Verluste verdeutlicht das Energieflußbild der DDR 1970, das in Abbildung 8 dargestellt ist – sind mit einer Energiedissipation, d. h. einer Zerstreuung oder Entwertung der Energie verbunden, so daß alle eingesetzte Energie teils über mehrere Zwischenstufen in Abwärme umgewandelt wird, die in die natürliche Umwelt abgestrahlt wird. Die Wärmestrahlung ist die energiespezifische Form der ökologischen Rezirkulation.

Die gesamte über den Schornstein, das Kühlwasser oder die Naß- bzw. Trockenkühltürme in die natürliche Umwelt abgeleitete Abwärme beträgt gegenwärtig

Energieflußbild der DDR 1970

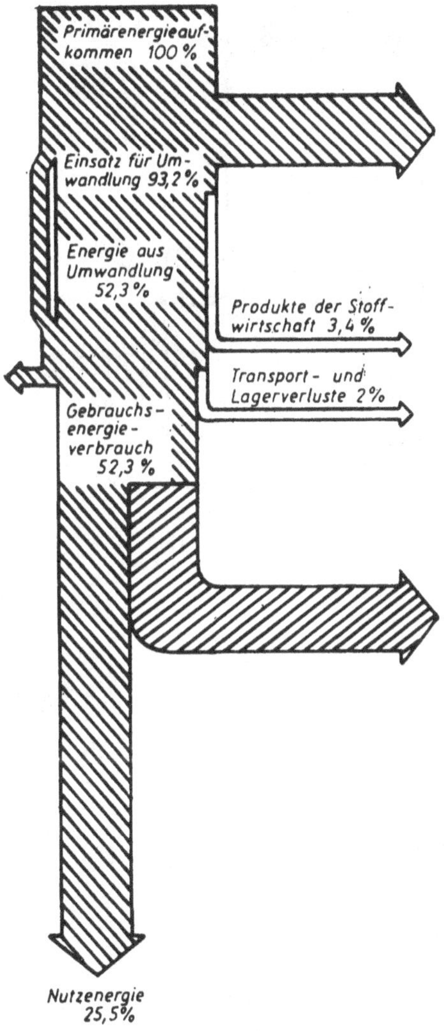

Umwandlungsverluste (37,5 %)

	Umwandlungsenergieanteil (%)	Wirkungsgrad des Prozesses (%)	Verluste bei der Umwandlung (Tcal)
Elektroenergieerzeugungsanlagen (ohne Dampferzeuger)	41,8	33,8	173600
Dampferzeuger der Kraftwerke	27,1	80,2	42030
Brikettfabriken	8,9	92,0	5 140
Heizwerke und Industriekessel	9,4	62,5	22 220
Erdöl- u. Teerverarbeitungsanlagen	3,1	94,0	1 240
übrige Umwandlungsanlagen	9,7		
	Σ 100 %		

Anwendungsverluste (26,8 %)

	Gebrauchsenergieanteil (%)	Wirkungsgrad des Prozesses (%)	Verluste bei der Umwandlung (Tcal)
Wärmeprozesse über 400 °C	27,6	32	74 130
Antrieb von Fahrzeugen	22,8	30	63 040
Raumheizung	21,6	65	29 860
Wärmeprozesse unter 400 °C	17,0	60	26 860
Antrieb von Maschinen	7,9	65	10 920
Beleuchtung	2,2	12	765
Elektrolyseprozesse	0,9	40	210
	Σ 100 %		

Abb. 8 Energieflußbild der DDR (Stand 1970)

bei den Kraftwerken etwa das Zweifache (d. h. zwei Drittel) der erzeugten Elektroenergie.[50] (Abb. 9.)

Mir kommt es aber hier darauf an, wieder den engen Zusammenhang zwischen Wirkungsgrad der gesellschaftlichen Arbeit bei der Energieumwandlung und der Ressourcenökonomie zu illustrieren.

In welchem Maße sich diese Wärmeabstrahlung auf solch eine Naturressource wie ein Gewässer und auf den natürlichen Wasserkreislauf auswirkt, lassen z. B.

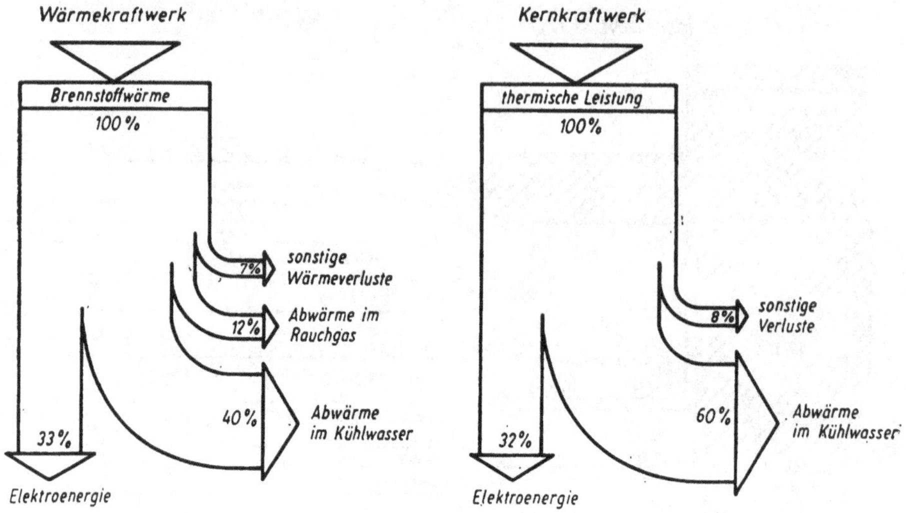

Abb. 9 Energieflußdiagramme für Wärmekraftwerk und Kernkraftwerk (Die Zahlenangaben dienen zur Darstellung der Größenordnung der Energieanteile)
Quelle: Institut für Kraftwerke, Abt. Umweltschutz

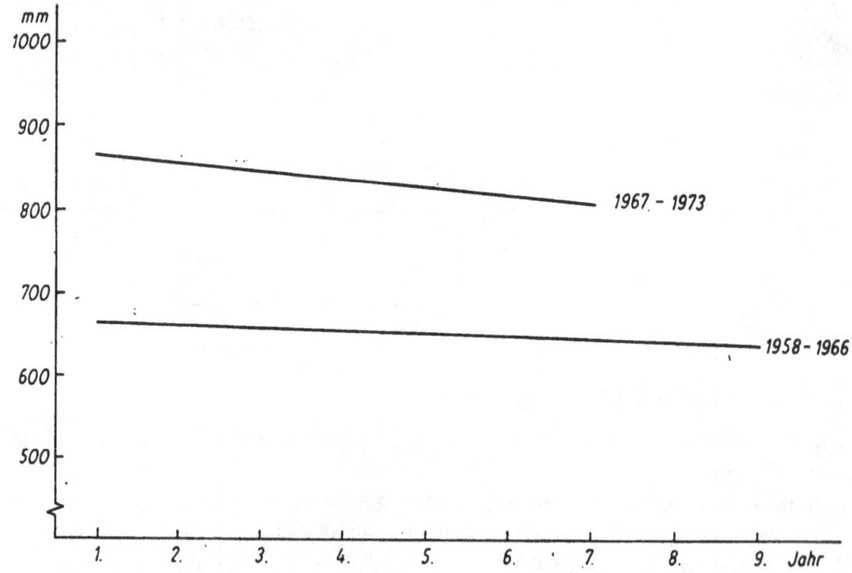

Abb. 10 Verdunstungshöhe eines Sees nach Monaten — Trends vor und nach Inbetriebnahme von KKW — Kapazitäten

Messungen über die Verdunstung des Stechlinsees in 9 Jahren vor und 7 Jahren nach Inbetriebnahme des Kernkraftwerkes Rheinsberg erkennen. Die Trends, die für diese beiden Zeiträume auf Grund der Meßergebnisse von RICHTER[51] berechnet wurden und in Abbildung 10 dargestellt sind, zeigen, daß mit der Nutzung dieses Sees als Kühlgewässer die Verdunstungshöhe im Durchschnitt um etwa 170 mm jährlich zugenommen hat. Das bedeutet, daß als Folgewirkung eine zusätzliche Menge an Wasser — ein grundlegender Rohstoff für die Industrie, die Wasser- und Landwirtschaft sowie eine Bedingung für Erholungszwecke — für eine gesellschaftliche Nutzung verlorengeht. Damit wird nicht nur ein Stoff-, sondern auch das Rekreationspotential beeinflußt.

Die leicht sinkende Tendenz der Verdunstungshöhe, die in dem linearen Trend für die Zeit 1967 bis 1973 zum Ausdruck kommt, läßt erkennen, daß mit zunehmender Betriebsdauer die Abwärmeprozesse besser beherrscht werden. Die monatlichen Meßergebnisse der Verdunstung sind in der folgenden Abbildung 11 umgesetzt.

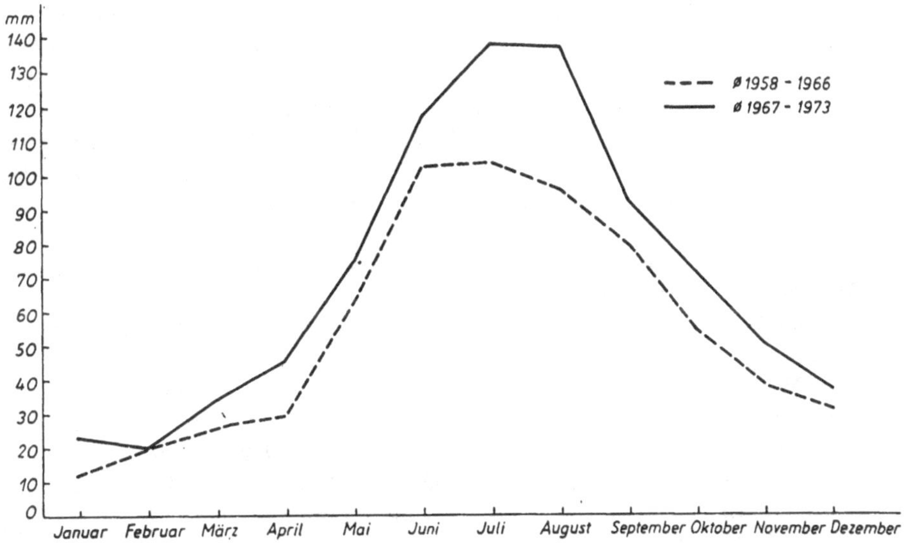

Abb. 11 Kurvenverlauf der Verdunstung eines Sees nach Monaten — Trends vor und nach Inbetriebnahme von KKW — Kapazitäten

12. Schlußfolgerungen

Um entsprechend den Forderungen von KARL MARX in der DDR eine Ökonomie sowohl bei der Erzeugung als auch bei der Wiederverwendung von Abfällen planmäßig durchzusetzen, sollen dafür abschließend einige zusammenfassende Hinweise und Leitgedanken dargelegt werden. Es handelt sich dabei hier um — nach

Marx — normale Abfälle, d. h. jenes Quantum, das *durchschnittlich* bei den Be- und Verarbeitungsprozessen verlorengeht. Sofern sie im eigenen oder in einem anderen Produktionszweig in die wirtschaftlichen Stoffkreisläufe rezirkuliert werden, vermindern sie im entsprechenden Maße die Rohstoffkosten.[52]

1. Planmäßig gilt es, den erforderlichen wissenschaftlich-technischen Vorlauf und vor allem die materiell-technischen Bedingungen zu schaffen, um weit mehr Abfälle in neue Produktionselemente zu verwandeln und die der Natur entzogenen Stoffe in wirtschaftlichen Kreislaufprozessen zu nutzen. Zugleich gilt es ebenfalls, die materiell-technischen Kapazitäten für die ökologische Rezirkulation unvermeidbarer Abprodukte zu schaffen. Ein wichtiges Kriterium der künftigen materiell-technischen Basis wird es sein, in welchem Grade Stoffe und Energien ausgenutzt, Sekundärrohstoffe eingesetzt und die Reproduktion der natürlichen Potentiale gesichert werden.

2. Zur Leitung und Planung sowie Analyse der Rationalisierung des Stoff- und Energieaustausches zwischen der Gesellschaft und ihrer natürlichen Umwelt muß ein entsprechendes Instrumentarium entwickelt werden. So gilt es insbesondere, methodische Grundlagen für die volkswirtschaftliche Nutzeffektsermittlung, für die ökonomische Stimulierung der produktiven Rezirkulation von Abfällen sowie für die Bewertung der Naturressourcen[53] zu erarbeiten. Darüber hinaus sollte für analytische und planerische Zwecke ein Kennziffernsystem entwickelt werden, das die vielfältigen Beziehungen und Einflußfaktoren des Stoff- und Energieaustausches zahlenmäßig charakterisiert, um ihn planmäßig und unter Berücksichtigung einer langfristigen Nutzung der Naturreichtümer zu rationalisieren.

Die Verbreitung von Informationen über die Abprodukte, speziell ihre physikalischen Eigenschaften, ist eine wichtige Voraussetzung, um diese einheimische Stoffressource zu erschließen, die sich, wie Erich Honecker es auf der 5. Tagung des ZK der SED ausdrückte, „schon über der Erde" befindet. Die Abproduktemessen und Abfallbörsen einzelner Bezirke, darunter auch der Hauptstadt Berlin, sind ein Weg. Darüber hinaus sollte geprüft werden, wie ein möglichst breiter Kreis von Wissenschaftlern und Praktikern über die wichtigsten Parameter der bisher noch nicht genutzten Abprodukte zuverlässig informiert wird, um sie wirtschaftlich zweckmäßig insbesondere zur Substitution teurer Importmaterialien einsetzen zu können oder bei der Entwicklung und Konstruktion neuer Erzeugnisse und Verfahren danach auszurichten. So könnten z. B. in den einschlägigen Zeitschriften regelmäßig Abprodukte offeriert werden. Das würde auch Werktätige stimulieren, um entsprechende Neuerervorschläge zu unterbreiten.

Geprüft werden sollte auch, ob einzelne Zweige mit speziellen Abprodukten, z. B. die chemische Industrie, zweigbezogene Vermittlungsstellen einrichten, die zur Lösung des Absatzes auch mit entsprechenden Institutionen befreundeter Länder zusammenarbeiten können.[54]

3. Ein entscheidendes Kriterium für die Beurteilung sowohl neuer Erzeugnisse, insbesondere neuer Grund- und Werkstoffe, sowie neuer Verfahren sollte darin bestehen, wie sie sich bei ihrer Herstellung bzw. Anwendung auf die natürliche

Umwelt auswirken. Bereits in der Phase der Entwicklung neuer Materialien, wie z. B. Legierungen oder Mischgeweben, sollte geklärt und im Erzeugnispaß fixiert werden, wie sie nach Verschleiß der Produkte, die daraus gefertigt wurden oder in die sie bestimmend eingegangen sind, produktiv oder ökologisch rezirkuliert werden können. Im besonderen Maße gilt dies für chemische Erzeugnisse mit toxischer Wirkung. Aber auch bei der Entwicklung neuer Finalprodukte wie z. B. PKW, sollte die Rezirkulationsfähigkeit der wichtigsten Materialkomponenten beachtet werden.

Analog wie beim Altöl sollten die Hersteller von Grundmaterialien auch für die Aufbereitung und Wiederverwendung der entsprechenden Abfälle verantwortlich sein, da sie am besten die physikalischen und chemischen Eigenschaften kennen.

4. Ständig ist zu analysieren, welche Stoff- und Energieart für welchen Zweck der Produktion oder Konsumtion verwendet wird. Analog den Prinzipien der Gebrauchswert-Kosten-Analyse ist zu gewährleisten, daß die verfügbaren Stoffe und Energieformen mit höchstem gesellschaftlichem Nutzen eingesetzt werden. Das gilt in besonderem Maße für die Verwendung von Verpackungsmaterialien. Die verfügbaren Rohstoffe müssen zu hochwertigen Endprodukten — Produktions- und Konsumtionsmitteln — geformt werden. Durch höhere Leistungsfähigkeit sowie längere effektive Nutzungsdauer können sowohl der Neuentzug von Naturstoffen als auch die Entstehung von Abprodukten zeitlich vergrößert werden. Verbunden damit ist, daß der Stoff-, Energie- und Arbeitsaufwand je Erzeugniseinheit sinkt.

5. Der Einsatz von Investitionen ist weniger zur nachträglichen Minderung von Schadwirkungen auf die Umwelt, sondern vorrangig zur komplexen und rationelleren Stoffausnutzung, d. h. insbesondere an der Quelle des Entstehens von Abprodukten einzusetzen, um Umweltbelastungen von vornherein auszuschließen oder zu reduzieren.

Durch Vergleich von Varianten ist einzuschätzen, wie sich Maßnahmen auf den gesellschaftlichen Reproduktionsprozeß auswirken, die ein Entstehen von schädigenden Auswirkungen auf die Umwelt ausschließen und solchen, die lediglich nachträglich Schutzfunktionen vor entstandenen bzw. entstehenden Schadstoffen haben.

6. Bedingt durch die historische Entwicklung werden Abfälle häufig vermischt bzw. in Trägermedien verdünnt, um ihre Auswirkung auf die unmittelbare Umgebung in Grenzen zu halten. Da das Selbstreinigungsvermögen der natürlichen Potentiale, insbesondere der Gewässer weitgehend ausgeschöpft wird, dienen die Trägermedien lediglich dem Transport und zur breiten Streuung der Schadstoffe, was die Leistungsfähigkeit der natürlichen Umwelt mindert.

Das Prinzip des Verdünnens wird z. Z. noch am häufigsten angewendet, um chemische Substanzen zu strecken bzw. um toxische Wirkungen von Abprodukten herabzusetzen.[55] Durch ein Vermischen, Verdünnen oder andere Wege zur Verminderung der Konzentration von Abprodukten oder einzelner Schadkomponenten wird ihre Rückgewinnung und stoffliche Wiederverwendung erschwert. Bei der Entwicklung neuer Technologien sollte daher geprüft werden, inwieweit es wirtschaftlicher ist, daß die Abfälle konzentriert entstehen und die verschiedenen Arten gesondert erfaßt werden. Eine Vermischung von Abfällen sollte nur erfolgen, wenn dadurch eine Neutralisation von Schadstoffen erreicht wird.

7. Mit der Entwicklung der gesellschaftlichen Bedürfnisse und Erfordernisse wird sich das Erzeugnissortiment ständig verändern. Entsprechend werden sich die eingesetzten Materialien und folglich auch die stoffliche Struktur der Produktions-, Zirkulations- und Konsumtionsexkremente wandeln. Es bedarf daher der ständigen Analyse der strukturellen Entwicklung, insbesondere der Substanz jener Abprodukte, die dezentralisiert anfallen. Speziell sind das der Haus- und Sperrmüll. Durch die zunehmende Chemisierung und wachsende Veredlung der eingesetzten Materialien ist zu erwarten, daß der Anteil abbaufähiger Müllkomponenten rückläufig sein wird. Damit wird sich die Bedeutung der einzelnen Verwertungsverfahren verändern. Um jedoch die hochveredelten Substanzen, die in den Siedlungsabfällen enthalten sind, als Reserve zu erschließen, sollte geprüft werden, ob es für die DDR vorteilhaft ist, neben der bereits forcierten Altstofferfassung ein Verfahren zur Müllsortierung zu entwickeln.

8. Die Ablagerung gegenwärtig noch nicht wiederverwendbarer Stoffe sollte in einer Art und Weise erfolgen, daß biologisch-chemische Prozesse wirksam werden können, damit sie in die natürlichen Stoffkreisläufe wieder eingegliedert werden.

Seit 1973 wurden in der DDR fast 3 500 Müllkippen geschlossen und durch rd. 70 geordnete Deponien ersetzt. Bis 1980 ist geplant, weitere 100 Anlagen einzurichten, auf denen Abprodukte geordnet abgelagert werden können. Problematisch und aufwendig ist die Deponie von Schadstoffen in einer Form, die auch Spätfolgen ausschließt. Anlagen zur geordneten Deponie werden im allgemeinen so geplant, daß sie für 20—30 Jahre Abprodukte aufnehmen können.

Im Rahmen der territorialen Planung sollte im Zusammenhang mit der Entwicklung von Naherholungsmöglichkeiten geprüft werden, ob und wieweit feste Abprodukte als Mittel zur Landschaftsgestaltung und zur Schaffung von Ski- und Rodelgelände usw. eingesetzt werden können. Auch zur Errichtung von Lärmwällen sind sie verwendbar. Unter Berücksichtigung der Kosten bei einer geordneten Deponie stellen sie für derartige Zwecke ein kostenloses oder kostengünstiges Material dar.

9. Mit der weiteren Entwicklung der Bedürfnisse und der Produktion sowie der damit verbundenen zunehmenden Beanspruchung der natürlichen Potentiale wird der volkswirtschaftliche Stellenwert des Abprodukteproblems noch wachsen. Seine Lösung erfordert die Erforschung einer Vielzahl komplizierter und dialektisch miteinander verflochtener technisch-technologischer, ökonomischer und organisatorischer Fragen. Eine effektive wissenschaftliche Arbeit zur Klärung dieser teils grundlegenden Probleme bedingt eine interdisziplinäre Forschung. Deshalb sollte geprüft werden, wie eine Zusammenarbeit von Natur- und Gesellschaftswissen-

schaftlern speziell an der AdW organisiert werden kann, um den Anfall von Abprodukten zu reduzieren und entstehende Produktions-, Zirkulations- und Konsumtionsexkremente produktions- und produktivitätswirksam zu nutzen.

10. Um sowohl die produktive als auch die ökologische Rezirkulation von Abfällen mit einem Minimum an Aufwand zu sichern, sind komplexe Lösungen zu entwickeln. Entweder sind im Zuge der territorialen Rationalisierung zwischenbetriebliche Kooperationsbeziehungen zu entwickeln, oder es sind zweigbezogene Organisationsformen zu schaffen. Mit wachsender Kapazitätsgröße ist eine degressive Entwicklung der Kosten für die Rezirkulation zu erwarten.

In der Hauptstadt der DDR, Berlin, wurde durch die Bildung einer entsprechenden Kooperationsgemeinschaft ein volkswirtschaftlich erfolgversprechender Weg beschritten, um gemeinschaftlich einerseits den wissenschaftlich-technischen Vorlauf und andererseits die materiell-technischen Kapazitäten für eine verstärkte Erfassung, Aufbereitung und Wiederverwendung von Produktionsabfällen oder die schadllose Beseitigung gegenwärtig noch nicht wirtschaftlich nutzbarer Abprodukte zu schaffen. Die Aufgabe dieser Kooperationsgemeinschaft bestehen vorrangig darin, Maßnahmen zur erweiterten Nutzung von Sekundärrohstoffen oder zur schadlosen Beseitigung von industriellen Abprodukten der beteiligten Betriebe zu koordinieren und mit geringsten Aufwendungen zu realisieren. Unter anderem sind die Ziele gestellt.[56]

- 40% ausgewählter industrieller Abprodukte einer Nutzung zuzuführen,
- volkswirtschaftliche Verwertungs- bzw. Entgiftungsverfahren für toxische Abprodukte auszuweisen und produktionswirksam zu gestalten sowie
- eine Spaltanlage für Mineralölemulsionen und eine Anlage zur energetischen Nutzung industrieller Abprodukte zu errichten.

Die zwischenbetrieblich organisierte Arbeit zur Lösung der Abprodukte- und Umweltprobleme der Betriebe eines Territoriums sowie die gemeinsame Errichtung von Kapazitäten

a) zur verstärkten Erfassung, Aufbereitung und produktiven Nutzung von Sekundärrohstoffen oder

b) zur Beseitigung gegenwärtig noch nicht wirtschaftlich nutzbarer Abprodukte entsprechend den ökologischen Erfordernissen ist Ausdruck der fortschreitenden Vergesellschaftung der Arbeit und der Produktion. Die Bildung von Kooperationsgemeinschaften ist der sinnvollste Weg, um mit geringstem gesellschaftlichem Aufwand den notwendigen wissenschaftlich-technischen Vorlauf und im Zuge der territorialen Rationalisierung die materiell-technischen Voraussetzungen dafür zu schaffen, daß verstärkt stoffliche und energetische Reserven erschlossen und zugleich die natürlichen Lebensgrundlagen der Gesellschaft erhalten und verbessert werden. Beides trägt dazu bei, ein kontinuierliches Wachstum der Produktion und der gesellschaftlichen Arbeitsproduktivität zu sichern und damit die wirtschafts- und sozialpolitischen Aufgaben zu erfüllen.

Anlage

Übersicht über ausgewählte Arten industrieller Abprodukte Berliner Betriebe
(Stand 1977)

Abprodukte-arten	Anfall-menge	Charakteristische Merkmale (wie z. B. Gehalt einzelner Komponenten in Masse-%) und mögliche Wiederverwendungszwecke, Nutzen usw.
Braunkohlen-brikettschlacken	14 000 t/a	als Leichtzuschlagstoff, Bodenverbesserungs- und -stabilisierungsmittel, Füll- und Schuttmaterial, Abwasseraufbereitungsmittel verwendbar
Generator-schlacke (aus der Gaserzeugung)	5 700 t/a	Substitutionsmaterial für Kies und Sand; Körnung maximal 22 mm, Eisengehalt 6,4%, pH-Wert 7,0
Braunkohlen-abrieb (Kohlengrus)	rd 100 kt/a	energetische Nutzung (4 800 kcal/kg ≙ 20 100 kJ/kg) (z. Z. erst zu 50% genutzt)
Galvanik-schlamm	5 t/a	Metallgehalt (im Glührückstand): 8,9 Masse-% Kupfer, 1,7 Masse-% Chrom, 1,6 Masse-% Zink und Kadmium u. a. wertvolle Substanzen; metallurgische Aufbereitung z. Z. noch ungelöst und Deponie notwendig, die Kosten erfordert.
Kupferschlamm	30— 50 m^3/a	Gesamtkupfergehalt 18 Masse-%, Rückgewinnungsverfahren werden gesucht
Chromat-abfälle	30 000 t	z. Z. deponiert, Nutzungsmöglichkeiten noch offen, Gehalt: $CaO = 31,8\%$, MgO 12,8%, $CrO = 1,3\%$)
Aluminium-haltige Salzschlacke	1 730 t/a	Salzschlacke enthält 74 t Aluminiummetall und 42 t Aluminiumoxid und 1 400 t Salz; Rückgewinnungsverfahren offen; voraussichtlicher volkswirtschaftlicher Nutzen bei einer Aluminiumrückgewinnung: ca. 500 TM/a
Duroplaste	rd 500 t/a	teils fester, teils hochviskoser oder schlammförmiger, teils flüssiger bis gelartiger Zustand, z. Z. ungenutzt

Abproduktearten	Anfallmenge	Charakteristische Merkmale (wie z. B. Gehalt einzelner Komponenten in Masse-%) und mögliche Wiederverwendungszwecke, Nutzen usw.
Phenoplastabfälle	80 t/a	fest, verschiedenfarbig, unbeständig gegenüber Säuren; Einsatz als Füllstoff oder energetische Nutzung möglich
Polyesterharz	60 t/a	fest, gefärbt, brennbar; Einsatz als Füllstoff oder energetische Nutzung möglich
Gummiabfälle	600 t/a	Heizwert 33 500–50 000 kJ/kg; energetische Nutzung, Wiederverwendung von Silikonabfällen u. a. möglich
GUP-Abfälle	50 m³/a	die Abfälle bestehen aus Glasmatten und Glasgewebe mit Polyesterharz versetzt; energetische Nutzung möglich
Polyesterharzabfälle	100 m³/a	schlag- und schneidzäh, brennbar, in der ausgehärteten Phase für Wasser und Boden chemisch unbedenklich
Hartgummibruch	4 500 t/a	Anfall in Stücken von ca. 150 mm, lediglich 10% der Anfallmenge wird z. Z. zu Gummimehl aufbereitet
Ammonsulfatlösung	790 t/a	pH-Wert 2,5–3,5; 30–37% Ammoniumsulfatgehalt, effektive Nutzungsmöglichkeiten werden noch gesucht
Perchloräthylen (PER)	30– 50 t/a	Gehalt: Perchloräthylen 10–20%, Mineralöl 10–25%; ökonomische Nutzungsvariante wird gesucht
verbrauchte Salzsäure	250–300 t/a	12%ige Salzsäure, Verwertung ungelöst; Einsatz evtl. zur Neutralisation basischer Abwässer oder Auffrischen durch Beseitigung der Verunreinigungen
abgearbeitete Schwefelsäure	240 m³/a	pH-Wert: 1–3, Säuregehalt 50 g H_2SO_4/l; wird teils aufbereitet, effektive Verwertungsvariante wird gesucht
Kalilauge	400–600 m³/a	25%ig, Eliminierung der komplexen Zyanide, so daß die Kalilauge anstelle von Natronlauge eingesetzt werden kann oder Einsatz für Zwecke, bei denen die Verunreinigungen bedeutungslos sind; möglicher Nutzen ca. 30 TM/a

Abproduktearten	Anfallmenge	Charakteristische Merkmale (wie z. B. Gehalt einzelner Komponenten in Masse-%) und mögliche Wiederverwendungszwecke, Nutzen usw.
Lack- und Lösungsmittelrückstände	14 t/a	energetische Nutzung erscheint möglich
Karbidkalkhydrat (Karbidschlamm)	60 m³/a	stichfester Schlamm, z. Z. ungenutzt
Scherleimleder	1 000 t/a	Gemenge aus tierischem Eiweiß und Fett in Wasser, evtl. Verwendung als Futtermittel
Chromlederschlamm	960 t/a	Verbrennung und Rückgewinnung von Chromoxidsalz möglich, Chromoxidgehalt 13%, organische Bestandteile 30%, Wasser 50%; Nutzen bei Verwertung: 100 TM/a Einsparung für Chromerzimporte
Neutralisationsschlamm	2 500—3 000 t/a	Eisenoxid 50—70%, Kalziumsulfat 20—40%, Wasser 40%, stichfest, evtl. nutzbar als Gasreinigungsmasse
Beizschlamm	32 m³/a	Neutralisierung, z. Z. keine Verwertung, pH-Wert 6—7, enthält wasserlösliche Salze in hoher Konzentration
abgebeizte Farbe	60 t/a	schadlose Beseitigung bzw. Verwertung (Verbrennung) bedarf schneller Lösung
Schnittholzreste	4 200 t/a	Kiefer, Fichte, Lärche, 20—50 mm stark, z. Z. keine optimale Verwertung
Schälspäne	1 000 m³/a	z. Z. deponiert, Deponiekosten ca. 13TM/a; nach effektiver Verwertung wird gesucht
Leichtflüssigkeitsrückstände	1 275 m³/a	dickflüssig bis ölig, brennbar, Heizwert 9000—41 000 kJ/kg Gemisch von Ölen, Kraftstoff, technischen Fetten, Konservierungs- und Waschmittelresten

Zusammengestellt nach Abproduktenmesse 1978, Angebotskatalog, Herausgeber: Magistrat von Berlin, Hauptstadt der DDR. Darin sind weitere Angaben zu den Abprodukten einschl. den verursachenden Betrieben enthalten

1 Vgl. Marx, Karl: Das Kapital, Dritter Band, MEW, Bd. 25, Berlin 1964, S. 110.
2 Vgl. Novik, I. B.: Methodologische Aspekte der Optimierung der Biosphäre, in: ZIL-Information Berlin 5/1973, S. 11.
3 Näherungswert über den spezifischen Anfall fester und flüssiger Abprodukte je Beschäftigten für wichtige Industriezweige sind angegeben z. B. bei Kirst, Th.: Formeln und Tabellen für Umwelttechnik, Umwelthygiene, Umweltschutz, Daten und Fakten, Bd. XXIVV, Technik — Tabellen — Verlag Fikentscher u. Co., Darmstadt 1974, S. 230—232 und 254—255.
Danach sollen z. B. in der Chemischen Industrie je Beschäftigten 0,67 t/a feste Abprodukte entstehen.
4 Marx, Karl.: Das Kapital, a. a. O., S. 828.
5 Stoph, Willi: Zum Entwurf des Volkswirtschaftsplanes 1971, in: Neues Deutschland vom 11. 12. 1970, S. 4.
6 Vgl. Autorenkollektiv (Hrsg. Heinrichs, W./Maier, H.): Gesetzmäßigkeiten der intensiv erweiterten Reproduktion bei der weiteren Gestaltung der entwickelten sozialistischen Gesellschaft, Teil II, Akademie-Verlag, Berlin 1976, S. 736.
7 Autorenkollektiv: Wissenschaftlich-technische Revolution und Gesellschaft, Verlag MIR Moskau und VEB Fachbuchverlag, Leipzig 1976, S. 380.
8 Steenbeck, M.: Blick in das Jahr 2000, in: Neues Deutschland vom 31. 12. 1966.
9 Vgl. Direktive des IX. Parteitages der SED zum Fünfjahrplan für die Entwicklung der Volkswirtschaft der DDR in den Jahren 1976—1980, Berlin, 1976, S. 29 und 31.
10 Rode, E. und Hensch, C.: Sekundärrohstoffe sind unsere billigsten Rohstoffe, in: Technik 32 (1977) 8, S. 432.
11 Vgl. Neues Deutschland vom 15. 12. 1978, S. 4.
12 Hofman, U.: Mehr ökonomischer Leistungszuwachs durch besseres Zusammenwirken von Wissenschaft und Technik, Technik und Produktion, in: Neues Deutschland vom 26. 1. 1979, S. 5.
13 Hager, K.: Wissenschaft und Technologie im Sozialismus, Dietz-Verlag, Berlin 1974, S. 57.
14 Marx, Karl, Engels, Friedrich: MEW Bd. 23, 1962, S. 393 Anm. 89.
15 Der Terminus „abproduktefreie Technologien" wird abgelehnt, da er beim gegenwärtigen Stand der Produktivkräfte fehlorientieren kann. Das verdeutlichen z. B. auch sowjetische Untersuchungen über den Stoffaustausch zwischen der Gesellschaft und ihrer natürlichen Umwelt, deren Ergebnisse dargelegt werden.
16 Näheres siehe: Harnisch, B.: Die Intensivierung der Naturnutzung und ihr Einfluß auf die gesellschaftliche Arbeitsproduktivität — dargestellt am Beispiel der Nutzung der Braunkohle, Dissertation, Berlin 1979, S. 111 ff.
17 Näheres siehe Kutzschbauch, K.: Ökonomische Bedeutung der Entwicklung abproduktearmer Technologien und technologischer Lösungen zur verstärkten Nutzung von Sekundärrohstoffen, in: die Technik 32 (1977) 8, S. 434 ff.
18 Vgl. Marx, Karl: Das Kapital, Dritter Band, MEW Bd. 25, S. 112.
19 Vgl. Marx, Karl: Grundrisse der Kritik der Politischen Ökonomie, 1953, S. 266.
20 Vgl. Marx, Karl: Das Kapital, Erster Band, MEW Bd. 23, 1962, S. 57.
21 Dietel, C.: Von den veredelnden Spuren des Nutzens oder der Patina des Gebrauchs, in: form und zweck 5 (1973) 1, S. 40.

22 Näheres über den stofflichen-energetischen Wirkungsgrad der gesellschaftlichen Arbeit beim Formwandel von Naturstoffen zu Nahrungsmitteln siehe
Autorenkollektiv: Rohstoff und Energie im gesellschaftlichen Reproduktionsprozeß und ihr Wechselverhältnis zur materiell-technischen Basis, Akademie-Verlag Berlin 1978, S. 78 ff.

23 Reuter, T.: Ökonomische Zusammenhänge zwischen der Entwicklung und Befriedigung konsumtiver Bedürfnisse und den natürlichen Umweltbedingungen, Dissertations-Manuskript, S. 199.

24 Vgl. Presse-Information Nr. 75 vom 28. 6. 1977, S. 1.

25 Die Angaben wurden nach verschiedenen Literaturquellen und Vorträgen zusammengefaßt.

26 Reichelt, H.: Beitrag der Wasserwirtschaften zur Intensivierung der landwirtschaftlichen Produktion, in: WWT 28 (1978) 9, S. 294/295.

27 Vgl. Neues Deutschland vom 3. 5. 1978 und Bauern-Echo vom 1. 2. 1979.

28 Rode, E. und Hensch, C.: a. a. O., S. 432.

29 Vgl. Marx, Karl: Das Kapital, a. a. O., S. 89/90.

30 Vgl. Walter, O.: 14. Internationales Symposium für Schmierungstechnik, 1974 (Manuskript).

31 Lt. Mitteilung des VEB Hydrierwerk Zeitz vom 9. 1. 1979.

32 Matzel, W.: Probleme der Ausnutzung des Dünger- und Bodenphosphors — Umsichtsbeitrag, in: Archiv für Acker- und Pflanzenbau und Bodenkunde, 18 (1974) 7, S. 471.

33 Lt. Literaturbericht des Instituts für Düngungsforschung, 1971.

34 Vgl. Kramer, D., Krüger, W. und Schulz, F.: Gewässerverunreinigungen durch Nährstoffe aus der landwirtschaftlichen Produktion und Maßnahmen zu ihrer Verhinderung, in: Wasserwirtschaft — Wassertechnik 22 (1972) 9, S. 313/314.

35 1959 wurden mit den Kaliabwässern ca. 325 kt Kaliumchlorid, 670 kt Magnesiumchlorid und über 4 Mio t Steinsalz abgeleitet. (Vgl. Jendersie, H.: Kali- und Steinsalzbergbau Bd. II, Leipzig 1969, S. 447).

36 Siedhoff, D. und Matthes, H.: Effektiver Einsatz von Sekundärrohstoffen, in: baustoffindustrie 20 (1977) 6, S. 5/6.
Zwilling, G.: Verwertung von Sekundärrohstoffen im Bauwesen, Vortrag anl. der 2. Fachtagung der AG(Z) Bodenschutz und Abproduktenutzung der KDT 1978 in Halle.

37 Vgl. Müller, P. und Metz, R.: Abwasser für die Pflanzenproduktion, in: Wissenschaft und Fortschritt 25 (1975) 12, S. 566.

38 Vgl. Krüger, W. und Schulz, F.: Stand und Bedeutung der Abwasserbodenbehandlung in der DDR, in: WWT 26 (1976) 8, S. 268.

39 Vgl. Weigert, R.: Siedlungsabfallverwertung und Kutschbauch, K. und Schirott, H.-G.: Grundlagen und praktische Erfahrungen der Kompostierung von Siedlungsabfällen, in: Schriftenreihe Technik und Umweltschutz Nr. 17, Leipzig 1977, S. 119 ff., 123 ff.

40 Rüster, J.: Sekundärrohstoffe aus Müll gewonnen, in: Kommunale Dienstleistungen 8 (1972) 4, S. 16.

41 Enke, M., Achtzehn, M. K., Grahneis, H. und Matschinew, H.: Umweltgefährdung durch Blei, in: Zeitschrift für die gesamte Hygiene und ihre Grenzgebiete, 23 (1977) 3, S. 151.

42 Kirillin, W. A.: Referat auf der Tagung des Obersten Sowjets am 19. 9. 1972, in: Aktuelle Beiträge der Staats- und Rechtswissenschaft, Heft 108, Potsdam-Babelsberg 1973, S. 15/16.

43 Gibel, W., Berndt, H., Schramm, T. und Lohs, Kh. haben häufig diskutierte Zusammenhänge zwischen Umweltschutz und Gesundheit in ihrer Schrift: Krebsverhütung und Umweltschutz, Gustav Fischer Verlag, behandelt

44 Schreiber, K.: Vortrag anläßlich des Kolloquiums an der AdW der DDR über biologische Energiegewinnung und Energiekonvertierung — Stand und Entwicklungstendenzen am 15. 9. 1977 in Berlin.

45 Ehrensvärd, E.: Energiehunger, Hallwag Verlag Bern und Stuttgart 1974, S. 106/107.

46 Gofman, K., Lemeschew, M. und Reimers, N.: Die Ökonomie der Naturnutzung — Aufgaben einer neuen Wissenschaft, in: Nauka i zizn, Moskva 6 (1974) 6, 12—17.

47 Nach Autorenkollektiv: Mensch — Gesellschaft — Umwelt, Berlin 1972, S. 237 wird der Verbrauch der sowjetischen Volkswirtschaft an Naturstoffen, ohne Wasser und Luftsauerstoff für 1968 auf 4,9 Mrd t beziffert. Da für 1913 ein Verbrauch von festen Stoffen von 0,8 Mrd t angegeben wird, ist der Zuwachs während des Bestehens der Sowjetunion daraus zu erkennen.

48 Artasch Avakaljon gab in seinem Diskussionsbeitrag zur Konferenz des ZIW „100 Jahre Kritik des Gothaer Programms" im März 1977 in Berlin an, daß ca. 2% der Ausgangsrohstoffe in industriellen Endprodukten gebunden werden.

49 Vgl. Radecke, H.-H.: Wohin mit unserem Wärmemüll? in: Wissenschaft und Fortschritt 25 (1975) 4, S. 184 ff.

50 Vgl. Fuchs, K. und Schumann, G.: Die Bedeutung der Kernenergie bei der Deckung des künftigen Energiebedarfs, in: Energietechnik 27 (1977) 5, Seite 191. Bei einem künftigen Einsatz schneller Brutreaktoren wird damit gerechnet, daß sich die Abwärme auf das Eineinhalbfache der erzeugten Elektroenergie reduziert.

51 Vgl. Richter, D.: Bestimmung der Verdunstung von freien Wasserflächen, in: Zeitschrift für Meteorologie, 25 (1975) 2, S. 120/121.

52 Vgl. Marx, Karl: Das Kapital, Dritter Band, a. a. O., S. 90, 119 sowie: Das Kapital, Erster Band, a. a. O., S. 219.

53 Näheres vgl. Graf, D.: Zum Inhalt ökonomischer Bewertung von Naturressourcen im Sozialismus, in: Freiberger Forschungshefte D 118, S. 89 ff.

54 In den ersten 10 Monaten des Bestehens der Abfallbörse der Chemischen Industrie der BRD wurden 400 000 t chemische Abfälle vermittelt. Auf 185 Angebote meldeten sich 450 Interessenten. Siehe: Harmsen, H.: Die Abfallbörse des Verbandes der Chemischen Industrie, in: Umwelthygiene, 25 (1974) 6, S. 125/126.

55 Vgl. Schubert, M., Zimmermann, A. und Raeubner, H. J.: Umweltschutz durch Nutzung verfahrenstechnischer Möglichkeiten, in: Lebensmittelindustrie 25 (1978) 3, S. 104.

56 Abproduktemesse 1978 der Hauptstadt Berlin — Angebotskatalog, Berlin 1978, S. 29 und 30.

FSC
www.fsc.org
MIX
Papier | Fördert gute Waldnutzung
FSC® C083411

Kolibri 360 GmbH
Ferdinand-Jühlke-Straße 7
99095 Erfurt, Deutschland
produktsicherheit@kolibri360.de